もくじ

大日本図書版　理科１年

テストの範囲や学習予定日をかこう！

学習計画	
出題範囲	学習予定日
5/14 テストの日	5/10
	5/11

	教科書ページ	この本のページ ココが要点	予想問題	学習計画 出題範囲	学習予定日
単元１　生物の世界					
１章　身近な生物の観察 ２章　植物のなかま(1)	8~31	2~3	4~5		
２章　植物のなかま(2)	32~37	6~7	8~9		
２章　植物のなかま(3)	38~43	10~11	12~13		
３章　動物のなかま	44~71	14~15	16~17		
単元２　物質のすがた					
１章　いろいろな物質	72~91	18~19	20~21		
２章　気体の発生と性質	92~101	22~23	24~25		
３章　物質の状態変化	102~117	26~27	28~29		
４章　水溶液	118~135	30~31	32~33		
単元３　身近な物理現象					
１章　光の性質	136~161	34~35	36~39		
２章　音の性質	162~171	40~41	42~43		
３章　力のはたらき	172~193	44~45	46~49		
単元４　大地の変化					
１章　火山	194~219	50~51	52~53		
２章　地震	220~233	54~55	56~57		
３章　地層 ４章　大地の変動	234~267	58~59	60~63		
★巻末特集			64		

解答と解説　別冊

ふろく　テストに出る！　５分間攻略ブック　別冊

単元1 生物の世界

1章 身近な生物の観察
2章 植物のなかま(1)

テストに出る! ココが要点 解答 p.1

① 身近な生物の観察

教 p.12～p.25

1 スケッチのしかた

(1) 生物の観察 スケッチや写真で記録する。

(2) スケッチのしかた 先を細く削った鉛筆を使い，目的とするものだけを対象にして，1本の線で輪隔をはっきりと表す。

図1

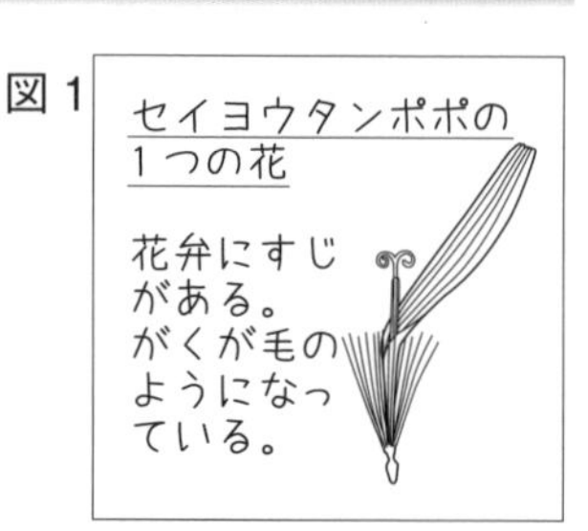

ミス注意!
見たいものが動かせないときは，ルーペを目に近づけたまま，顔を前後に動かす。

2 ルーペ，双眼実体顕微鏡の使い方

(1) 身近な生物の観察

- ルーペ…花のつくりなどを観察するときに使う。ルーペを目に近づけて持ち，見たいものを前後に動かして観察する。
- 双眼鏡…鳥など，近づくと逃げてしまうものを観察するときに使う。
- (①)…小さいものを立体的に観察したいときに使う。

(2) 双眼実体顕微鏡の使い方

❶ 両目でのぞきながら(②)の間隔を調節して，視野が重なって見えるようにする。

❷ 右目でのぞきながら(③)を回し，ピントを合わせる。

❸ 左目でのぞきながら(④)を回し，ピントを合わせる。

図2

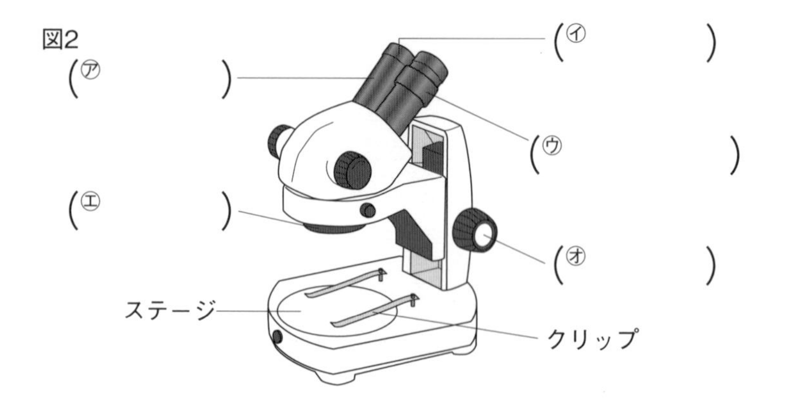

ポイント
目をいためるので，ルーペや双眼鏡で太陽を見てはいけない。

①双眼実体顕微鏡
両目で見ることで，立体的に観察することができる顕微鏡。
②鏡筒
図2の㋐。
③調節ねじ
図2の㋔。鏡筒を上下させる。
④視度調節リング
図2の㋒。

ポイント
視度調節リングには，左右の目の視力のちがいを調節する役割がある。

ココが要点の答えになります。

中間・期末の攻略本

テストに出る！

5分間攻略ブック

大日本図書版

理科
1年

重要用語をサクッと確認

よく出る図を
まとめておさえる

赤シートを
活用しよう！

テスト前に最後のチェック！
休み時間にも使えるよ♪

「5分間攻略ブック」は取りはずして使用できます。

単元1　生物の世界

教科書 p.8~p.71

1章　身近な生物の観察

p.12~p.25

□ ルーペは【目】に近づけて使う。

□ 双眼鏡は，【ピントリング】で左目のピントを合わせてから，【視度調節リング】で右目のピントを合わせる。

□【双眼実体顕微鏡】を使うと立体的に観察することができる。

双眼実体顕微鏡　　双眼鏡

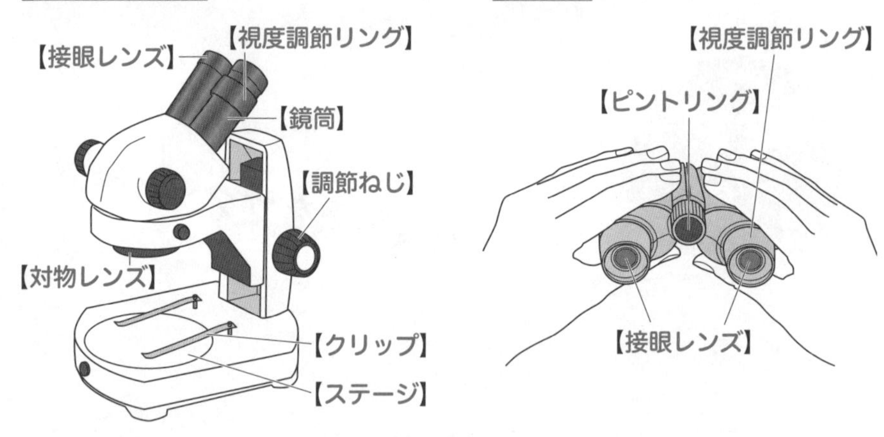

2章　植物のなかま

p.26~p.43

□ めしべの根もとのふくらんだ部分を【子房】という。

□ 花弁が離れている花を【離弁花】，くっついている花を【合弁花】という。

花から果実への変化

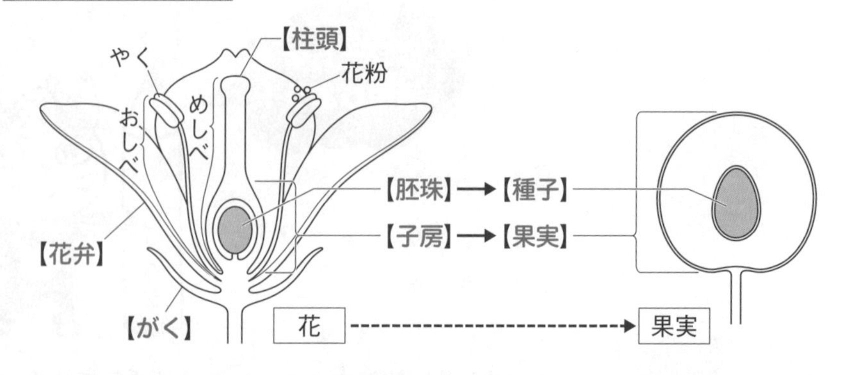

□ 種子ができる植物を，【**種子植物**】という。

□ 虫によって花粉が運ばれる植物の花を【**虫媒花**】といい，風によって花粉が運ばれる植物の花を【**風媒花**】という。

□ 2枚の対になった子葉をもつ植物を【**双子葉類**】，子葉が1枚の植物を【**単子葉類**】という。

双子葉類と単子葉類の葉や根のつくり

	葉脈	根のようす	子葉
【双子葉】類	網状脈	【主根】 【側根】	2枚
【単子葉】類	平行脈	【ひげ根】	1枚

□ 種子植物のうち，胚珠がむき出しになっている植物を【**裸子植物**】，胚珠が子房の中にある植物を【**被子植物**】という。

マツの花のつくり

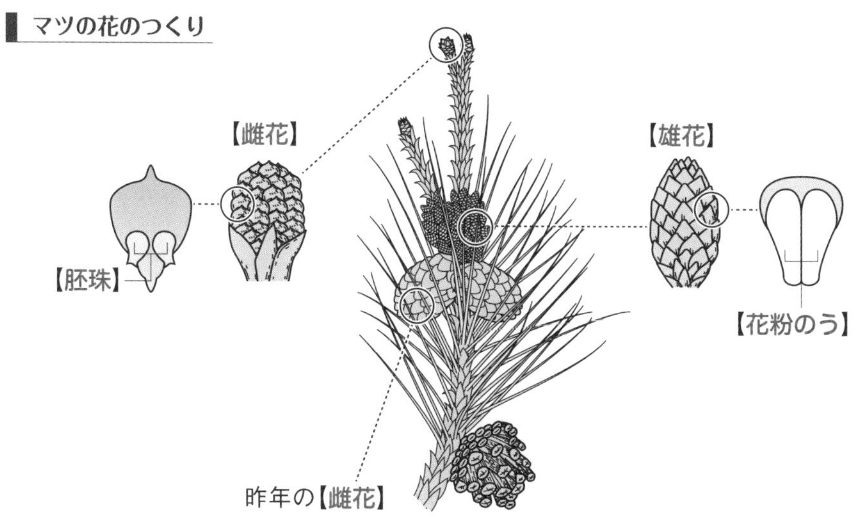

□ 種子をつくらない植物のうち，ワラビやスギナなどのなかまを【**シダ植物**】，ゼニゴケやスギゴケなどのなかまを【**コケ植物**】という。

□ シダ植物やコケ植物は【**胞子**】でふえる。

種子をつくらない植物

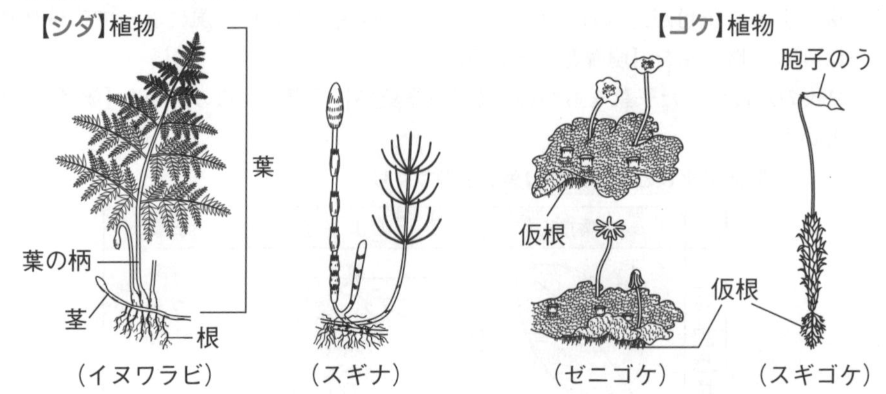

□ 植物の特徴から，植物を【分類】することができる。分類の【観点】は，ある植物とそのなかまに共有であることがまず必要である。そして，植物を大きく分ける観点から比べて，次に細かいちがいを比べると分類がしやすい。

植物の分類

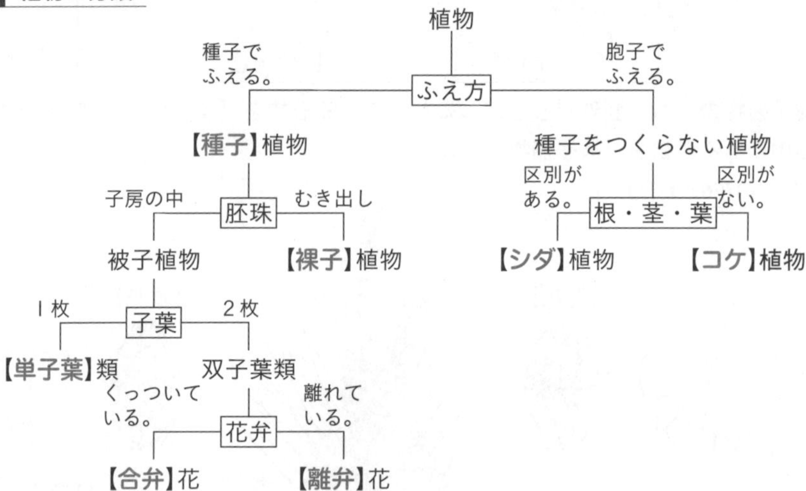

3章　動物のなかま　p.44~p.65

□ 背骨がある動物を【脊椎】動物，背骨がない動物を【無脊椎】動物という。

まる暗記 背骨が無い動物は無脊椎動物

□ 雌が体外に卵を産み，その卵から子がかえることを【卵生】，雌の体内で受精したあとに卵が育ち，子としての体ができてから生まれることを【胎生】という。

脊椎動物の分類

	魚類	【両生】類	は虫類	鳥類	哺乳類
運動のしかた	ひれを使って泳ぐ。	前後のあしで水中を泳いだり，陸上を移動したりする。	体を使ってはったりあしを使ったりして移動する。	翼で飛ぶものもいる。	あしを使って移動する。
呼吸のしかた	えら	子はえらと皮ふ 成長すると肺と皮ふ	【肺】		
体の表面	うろこ	湿った皮ふ	うろこ	羽毛	毛
子の生まれ方	卵生				【胎生】
子の育ち方	自分で食物をとる。		親の世話がなくても卵からかえるものが多い。	しばらくの間，親から食物を与えられるものが多い。	しばらくの間，雌の親が出す乳で育てられる。

□ ほかの動物を食べる動物を【肉食動物】といい，植物を食べる動物を【草食動物】という。

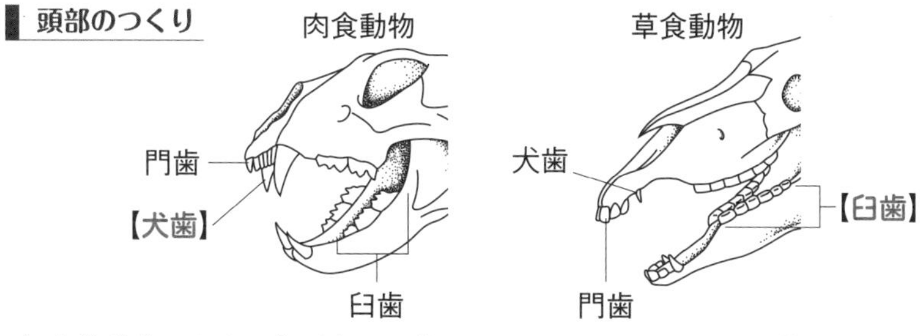

□ 無脊椎動物のうち，体が多くの節からできていて，あしにも節がある動物を【節足動物】という。節足動物には殻などのかたい【外骨格】がある。

□ 節足動物にはザリガニやエビ，カニなどの【甲殻類】や，バッタやチョウなどの【昆虫類】，クモやサソリなどのクモ類，ムカデ類，ヤスデ類などがある。

□ 無脊椎動物のうち，アサリやイカなどのなかまを【軟体動物】という。内臓は【外とう膜】に包まれている。

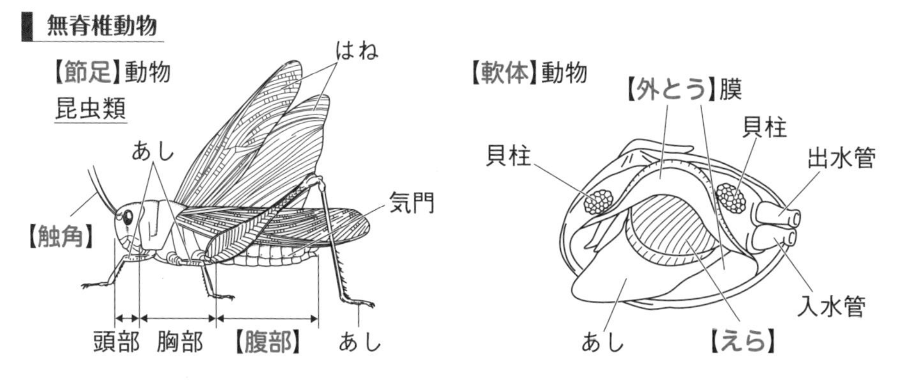

単元2　物質のすがた

教科書 p.72~p.135

化学実験に使う器具　p.78~p.79

□ メスシリンダーは水平な台の上に置き，液面の最も低い位置を【真横】から見て，最小目盛りの【$\frac{1}{10}$】まで目分量で読む。

まる暗記 1mL = 1cm^3

メスシリンダー

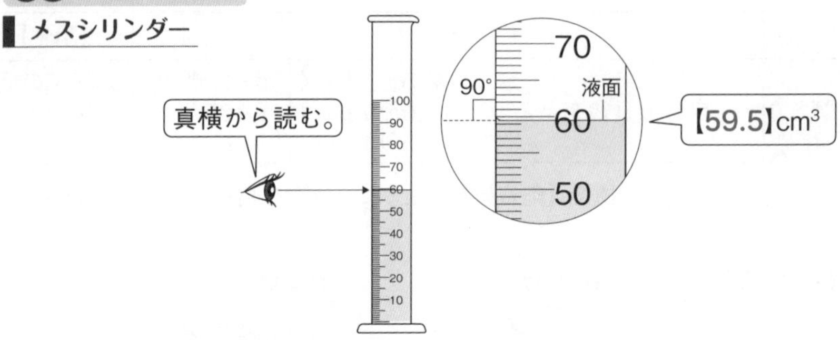

□ ガスバーナーは炎の色を【青】色にして使用する。

ガスバーナー

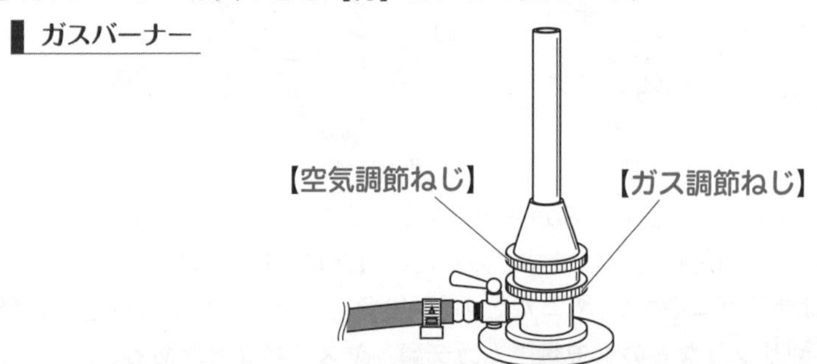

1章　いろいろな物質　p.80~p.91

□ 身のまわりにあるものを，ものをつくっている材料に注目するとき，それを【物質】という。

□ 加熱すると炭になったり，燃えて【二酸化炭素】を発生したりする物質を【有機物】という。有機物以外の物質を【無機物】という。

□ 金属には以下の性質がある。

●磨くと輝く（【金属光沢】）。

●電流が流れやすく，熱が伝わりやすい。

●たたくとうすく広がったり（【展】性），引っ張るとのびたりする（【延】性）。

注目　磁石につくことは，金属に共通した性質ではない。

□ 金属以外の物質を【**非金属**】という。

□ 場所によって変わらない物体そのものの量を【**質量**】という。

□ 一定の体積当たりの質量を【**密度**】という。単位は【**g/cm³**】で表され，物質によって値がちがう。

注目 g/cm³ は，「グラム毎立方センチメートル」と読む。

$$\text{密度}\,[\mathrm{g/cm^3}] = \frac{\text{物質の質量}[\mathrm{g}]}{\text{物質の体積}[\mathrm{cm^3}]}$$

□ 密度が水よりも大きい物質は，水に【**沈む**】。密度が水よりも小さい物質は，水に【**浮く**】。

2章　気体の発生と性質　p.92~p.101

□ 気体の集め方は，以下の3つである。

気体の集め方

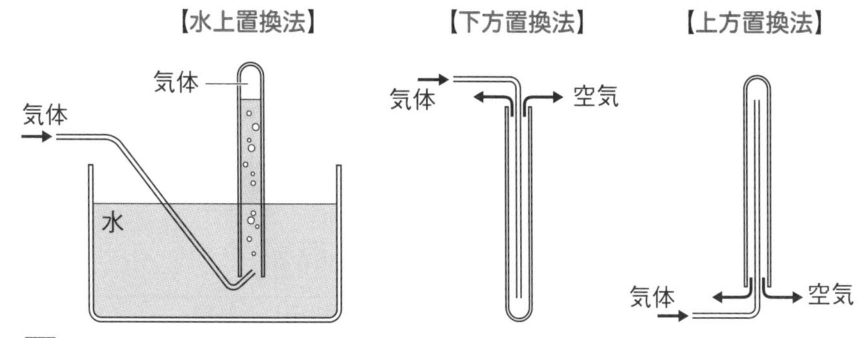

注目 水に溶けやすい気体は，水上置換法では集められない。

いろいろな気体の性質

気体	水への溶けやすさ	おもな性質
酸素	溶けにくい。	ものを燃やすはたらきがある。
二酸化炭素	少し溶ける。	石灰水を白くにごらせる。
窒素	溶けにくい。	空気の約8割を占める。
水素	溶けにくい。	空気中で火をつけると爆発的に燃え，水滴ができる。
アンモニア	非常に溶けやすい。	特有の刺激臭がある。

3章　物質の状態変化

p.102~p.117

□ 物質の状態が，固体⇔液体⇔気体と変わることを【状態変化】という。状態が変わることで【体積】は変化するが，【質量】は変化しない。

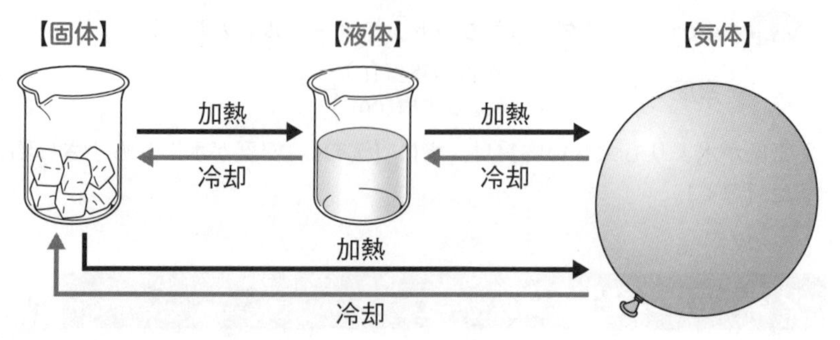

□ 液体が沸騰して気体に変化するときの温度を【沸点】という。

□ 加熱によって固体の物質が液体に変化するときの温度を【融点】という。

水の状態変化と温度

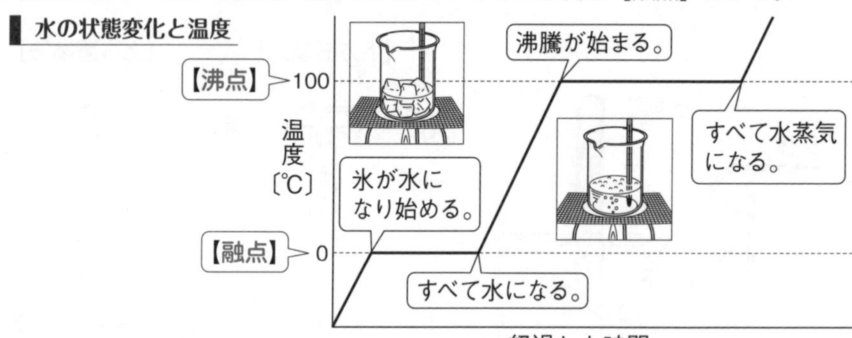

□ 1種類の物質からできているものを【純粋】な物質，いろいろな物質が混ざってできているものを【混合物】という。

□ 液体を沸騰させて気体にし，それをまた液体にして集める方法を【蒸留】という。液体の混合物からそれぞれの物質を分けてとり出せる。

まる暗記 沸点の低い物質から先に出てくる。

混合物の蒸留

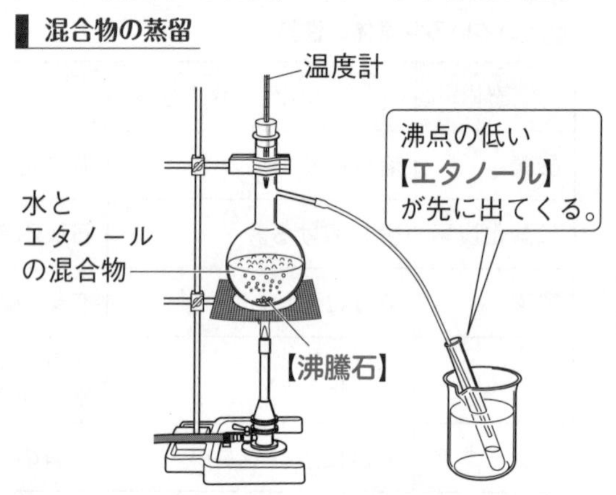

4章　水溶液

p.118~p.127

□ 水に物質が溶けた液体を【水溶液】という。

□ 水溶液に溶けている物質を【溶質】，溶質が溶けている液体を【溶媒】という。溶質が溶媒に溶ける現象を【溶解】といい，溶質が溶媒に溶けた液体を【溶液】という。

水溶液

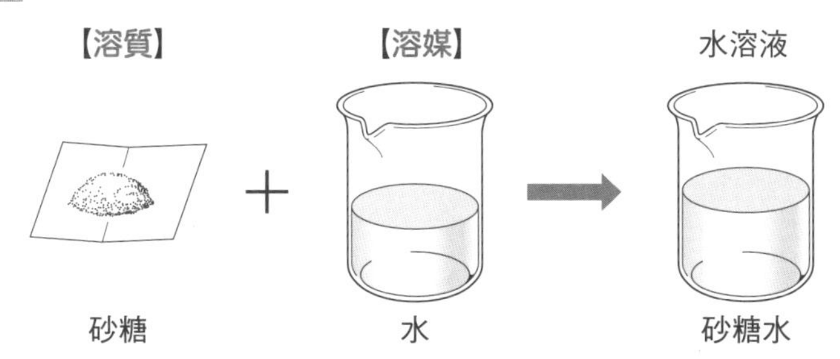

□ 一定量の水に溶ける物質の最大の量をその物質の【溶解度】といい，ふつう水 100 g に溶ける溶質の質量で表す。

□ 物質がそれ以上溶けることができない水溶液を【飽和水溶液】という。

□ 水の温度ごとの溶解度をグラフに表したものを【溶解度曲線】という。

溶解度と温度の関係

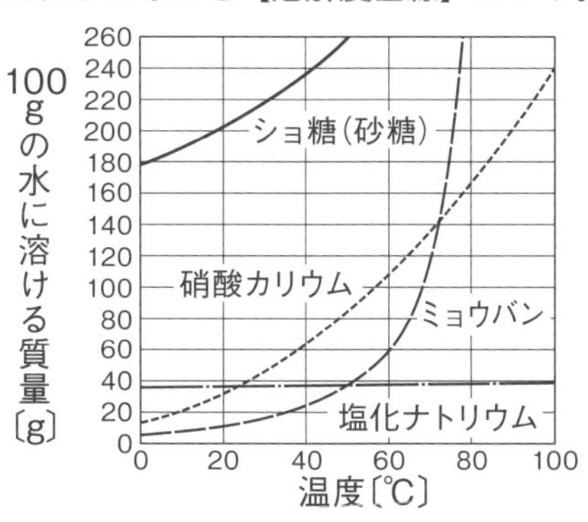

□ 水溶液の温度を下げたり水を蒸発させたりしてとり出せる，いくつかの平面で囲まれた規則正しい形の固体を【結晶】という。

□ 溶解度の差を利用して，一度溶かした溶質を溶液から結晶としてとり出すことを【再結晶】という。

□ 溶液の濃度を溶質の質量が溶液全体の質量の何%にあたるかで表したものを【質量パーセント濃度】という。

$$質量パーセント濃度=\frac{溶質の質量〔g〕}{【水溶液】の質量〔g〕}\times 100$$

単元３　身近な物理現象

教科書
p.136~p.193

１章　光の性質

p.140~p.161

□ 太陽や電灯のように，自ら光を出しているものを【光源】という。

□ 光が真っすぐ進むことを光の【直進】という。

□ 光が物体に当たってはね返ることを光の【反射】という。【入射】角と【反射】角は等しい。

まる暗記 入射角＝反射角（反射の法則）

□ 凸凹した面で光がいろいろな方向に反射することを【乱反射】という。

□ 鏡に映った物体を【像】という。

光の反射

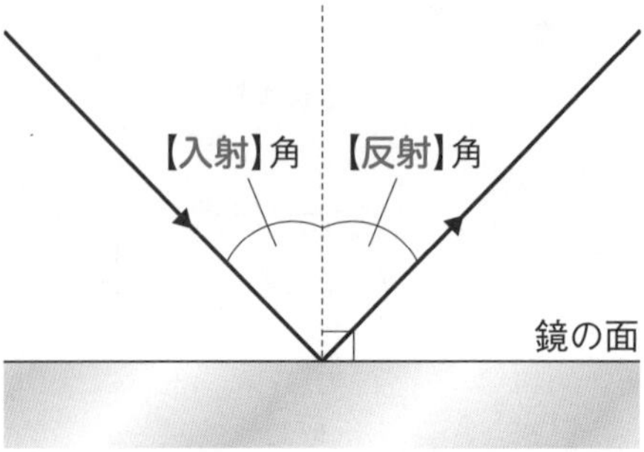

【入射】角　【反射】角

鏡の面

□ 空気とガラスや，空気と水など，異なる物質の境界面で光が折れ曲がって進む現象を光の【屈折】という。

光の屈折

光が空気中からガラスや水に入るとき
入射角＞屈折角

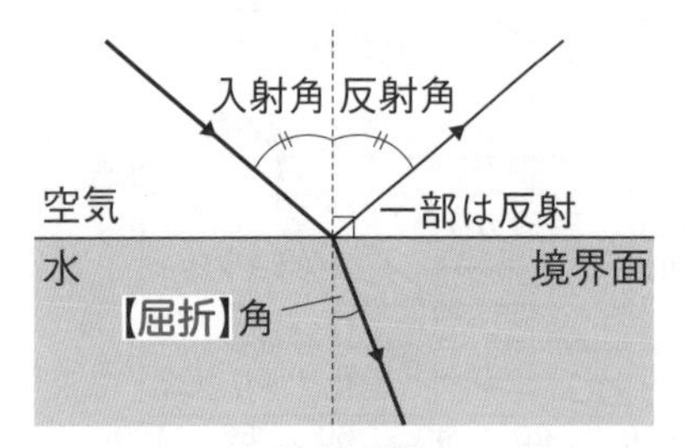

光がガラスや水から空気中に出るとき
入射角＜屈折角

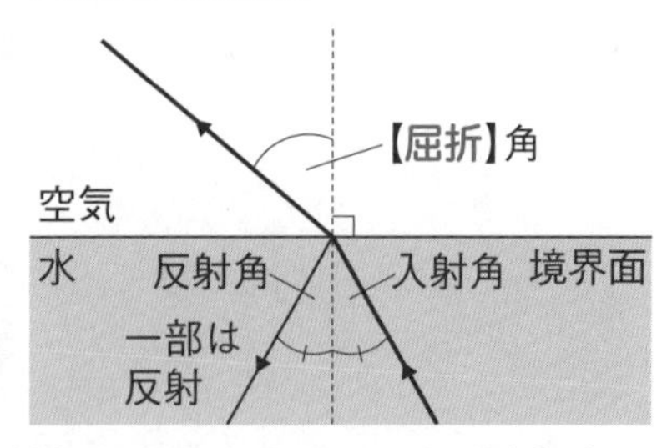

□ ガラスや水から光が空気中に出るとき，入射角を大きくすると，光が空気中に出ていかなくなり境界面ですべて反射する現象を【全反射】という。

全反射

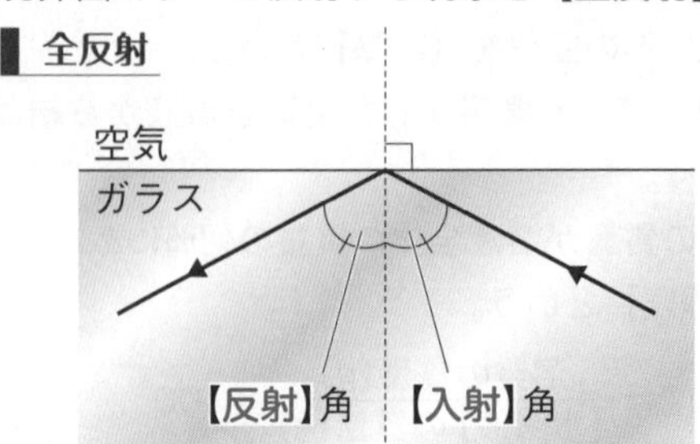

□ 虫眼鏡やルーペなど，中央が厚く膨らんでいるレンズを【凸レンズ】という。

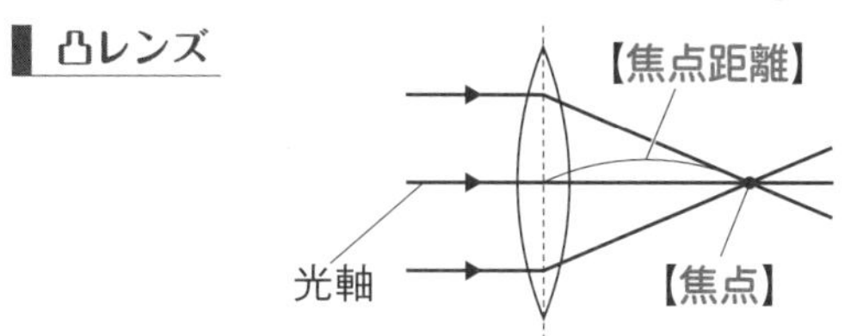

□ 凸レンズで見たものや，鏡やスクリーンに映ったものを【像】という。

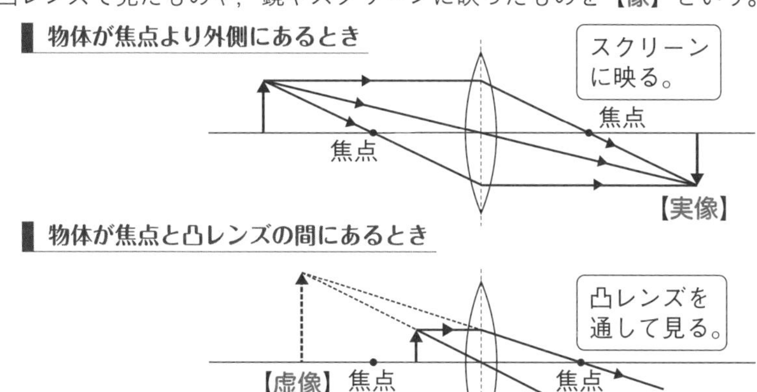

□ 白色光や色のついた光など，目に見える光を【可視光線】という。

2章　音の性質　p.162~p.171

□ 振動して音を発している物体を【音源】という。音の伝わる速さは約【340】m/s。

□ 音源などの振動の幅を【振幅】，1秒間に音源が振動する回数を【振動数】（周波数）という。振動数の単位は【ヘルツ】（記号【Hz】）。

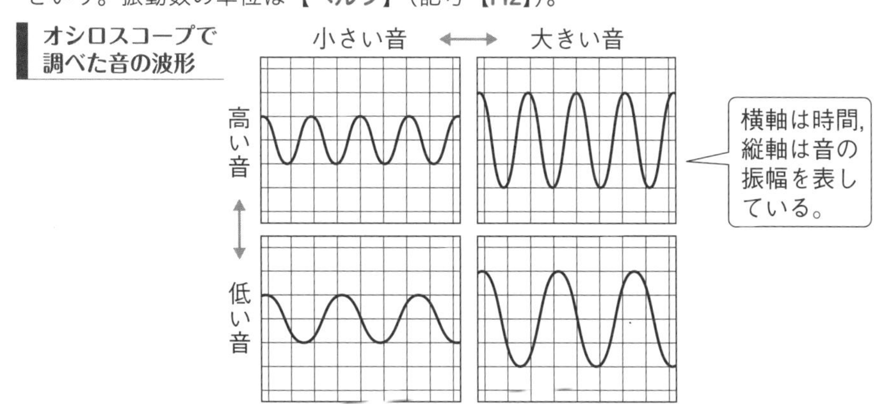

3章　力のはたらき

p.172~p.185

□ 力には，以下のようなはたらきがある。

●物体の【形】を変える。

●物体の動きを変える。

●物体を持ち上げたり，支えたりする。

いろいろな力

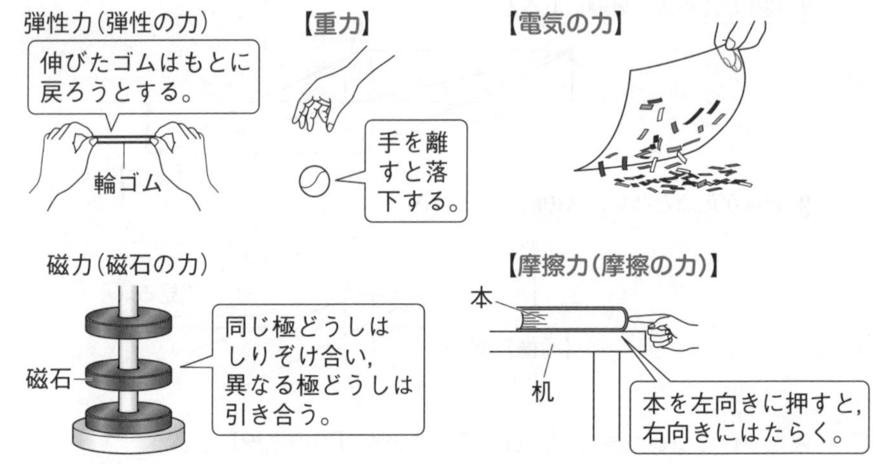

□ 力の大きさは【ニュートン】（記号【N】）という単位で表される。1N は約【100】g の物体にはたらく【重力】の大きさに等しい。

□ 矢印を使うと，力のはたらく点（【作用点】），力の向き，力の大きさを表すことができる。

力の表し方

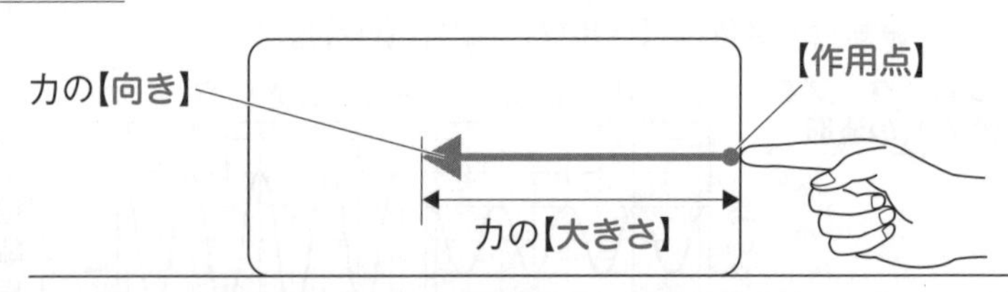

□ ばねの伸びはばねに加わる力の大きさに比例する。これを【フック】の法則という。

□ 場所が変わっても変化しない，物質そのものの量を【質量】といい，【グラム】（記号 g）や【キログラム】（記号 kg）の単位で表される。

□ 1つの物体に2つ以上の力が加わっていても物体が動かないとき，これらの力は【つり合っている】という。

力のつり合い

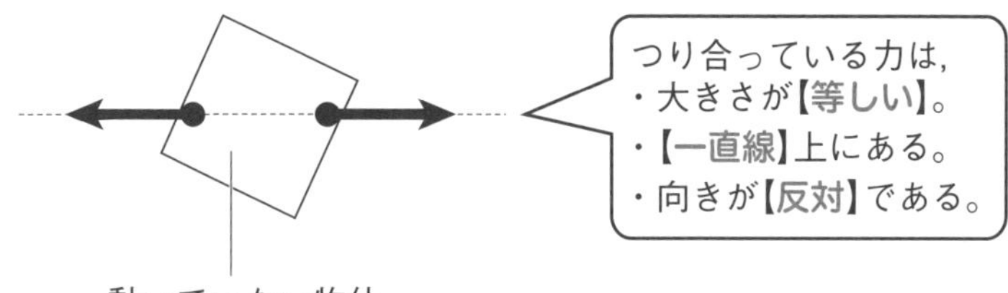

□ 面に接している物体には，その物体の面に垂直な力が加わり，この力を【垂直抗力】という。

単元4　大地の変化

教科書 p.194~p.267

1章　火山

p.200~p.219

□ 最近1万年間に噴火したことがあるか，最近も水蒸気などの噴気活動が見られるものを【活火山】という。

□ 地下にある岩石がどろどろにとけた物質を【マグマ】といい，マグマが地表に流れ出たものを【溶岩】という。

□ 噴火でふき出されたマグマがもとになってできた物質を【火山噴出物】という。

火山噴出物

火山れき

【火山灰】

軽石

火山弾

マグマのねばりけと火山

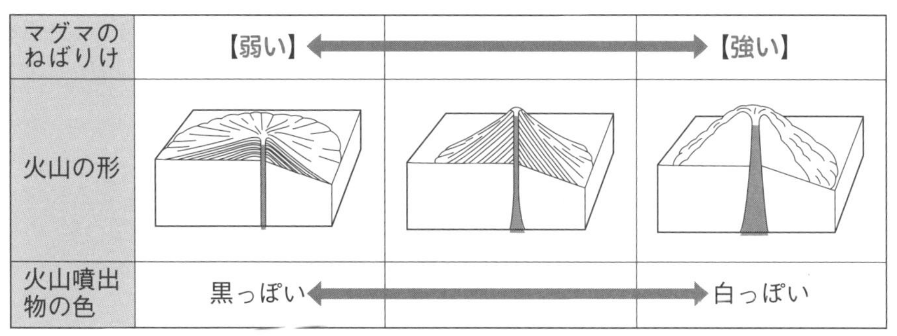

マグマのねばりけ	【弱い】 ⟷ 【強い】		
火山の形			
火山噴出物の色	黒っぽい ⟷ 白っぽい		

□ 火山灰やマグマが固まってできる岩石には，【鉱物】やガラスが含まれている。

火山灰に含まれるおもな鉱物

	【無色】鉱物	
鉱物	石英	長石
特徴	・無色・白色 ・不規則	・無色～白色・うす桃色 ・柱状・短冊状

	【有色】鉱物				
鉱物	黒雲母	角閃石	輝石	カンラン石	磁鉄鉱
特徴	・黒色～褐色 ・板状・六角形 ・うすくはがれる	・濃い緑色～黒色 ・長い柱状・針状	・緑色～褐色 ・短い柱状・短冊状	・黄緑色～褐色 ・丸みのある短い柱状	・黒色 ・不規則 ・磁石に引きつけられる

□ マグマが冷え固まった岩石を【火成岩】という。このうち，地表付近で急速に冷え固まってできたものを【火山岩】，地下でゆっくりと冷え固まってできたものを【深成岩】という。

火山岩のつくり

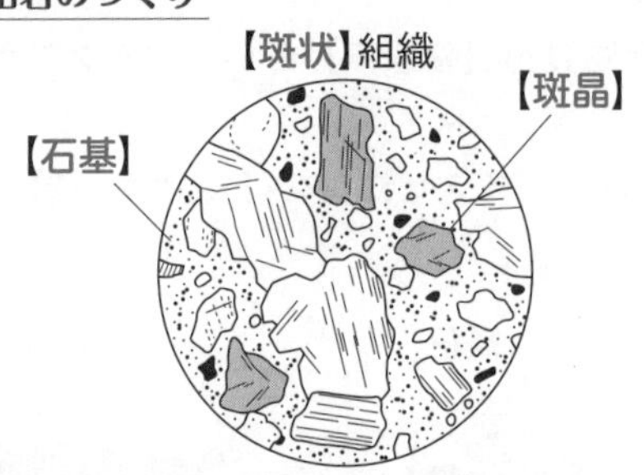

深成岩のつくり

2章　地震

p.220~p.233

□ ある地点での地面の揺れの程度は【震度】で表し，地震の規模は【マグニチュード】(M) で表す。地下の岩石に力が加わり，破壊が始まった点を【震源】，その真上の地表の点を【震央】という。

地震の発生した場所

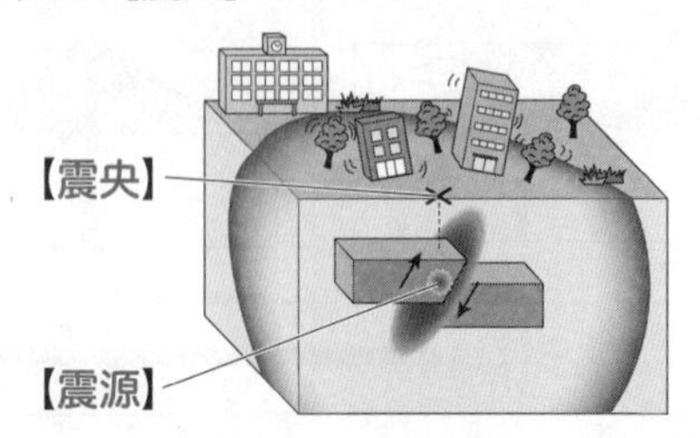

□ 地震における，はじめの小さな揺れを【初期微動】といい，そのあとに続く大きな揺れを【主要動】という。

□ 初期微動を引き起こす速い波を【P波】，主要動を引き起こす遅い波を【S波】といい，初期微動が続く時間を【初期微動継続時間】という。

地震の揺れ

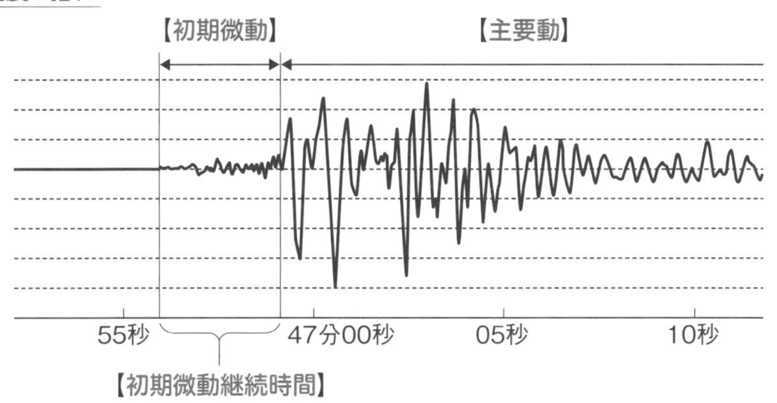

□ 海底で起こった地震によって生じる海水のうねりを【津波】という。

□ 地震などにより土地がもち上がることを【隆起】，沈むことを【沈降】という。

□ 地震が発生した直後に発表される情報に【緊急地震速報】がある。

3章　地層

p.234~p.249

地層のでき方

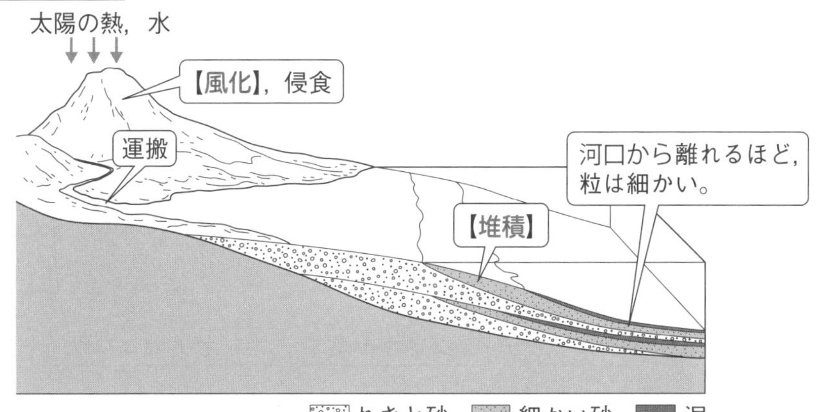

□ 地層が切れてずれることによってできたくいちがいを【断層】という。

□ 地層に力がはたらいて押し曲げられたものを【しゅう曲】という。

□ 地層の重なり方を柱状に表したものを【柱状図】という。

□ 広域火山灰の層など，遠く離れた地層が同年代にできたことを調べる目印となる地層を【鍵層】という。

まる暗記 地層はふつう，下のものほど古い。

□ 堆積物が固まってできた岩石を【堆積岩】という。

いろいろな堆積岩

岩石名	堆積物	特徴
れき岩	れき	粒の直径が2mm 以上。
砂岩	砂	粒の直径が 0.06 ～2mm。
泥岩	泥	粒の直径が 0.06mm 以下。
【凝灰岩】	火山灰	火山岩のかけらを多く含む。
【石灰岩】	生物の死がいなど	うすい塩酸をかけると二酸化炭素が発生。
【チャート】		うすい塩酸をかけても気体が発生しない。

□ 地層が堆積した当時の環境を示す化石を【示相化石】，地層が堆積した年代を示す化石を【示準化石】という。

□ 化石などから決められる地球の歴史の時代区分を【地質年代】という。

示準化石

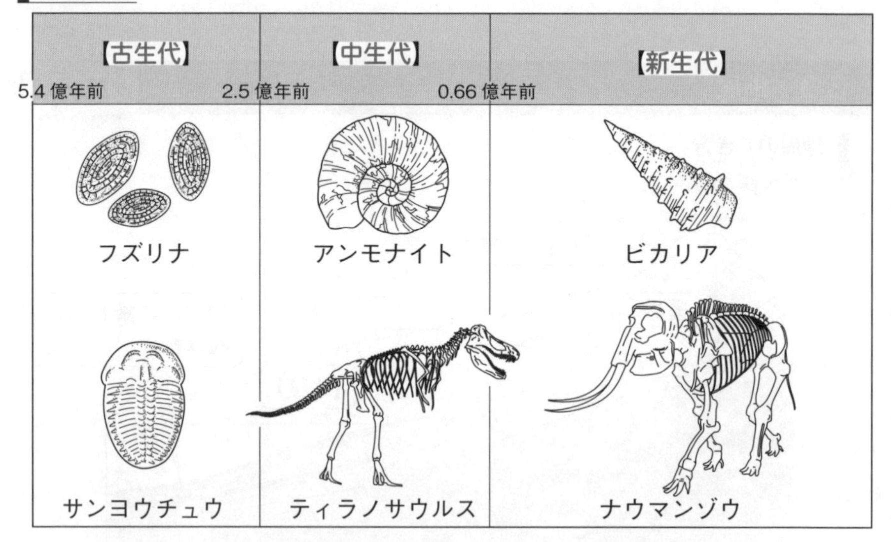

4章　大地の変動

p.250~p.259

□ 地球の表面を覆っている十数枚のかたい板を【プレート】という。

② 花のつくり

教 p.26～p.28

1 花のつくり

(1) 花のつくり　外側から，(⑤　　　　)，(⑥　　　　)(⑦　　　　)，(⑧　　　　)の順になっている。

- (⑨　　　　)…花弁(かべん)が互いに**離(はな)れている**花。
- (⑩　　　　)…花弁が**くっついている**花。

図3　アブラナ

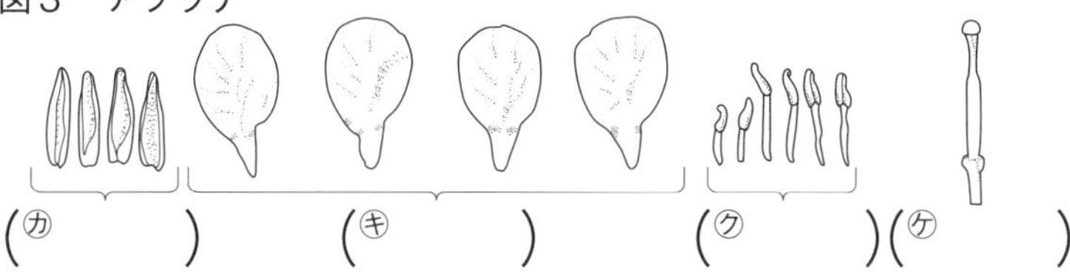

(㋕　　　　)　(㋖　　　　)　(㋗　　　　)(㋘　　　　)

(2) 花の各部分

- (⑪　　　　)…めしべの**花柱(かちゅう)**の先。
- (⑫　　　　)…めしべの根元の膨(ふく)らんだ部分。
- (⑬　　　　)…おしべの先の**花粉**が入っている袋(ふくろ)。

図4　(㋙　　　　)　(㋚　　　　)　(㋛　　　　)　(㋜　　　　)　花弁　がく

③ めしべと果実のつくり

教 p.29～p.31

1 花から果実への変化

(1) 花のはたらきと種子

- (⑭　　　　)…おしべの花粉がめしべの柱頭(ちゅうとう)につくこと。
  これが起こると，子房(しぼう)は(⑮　　　　)に，胚珠(はいしゅ)は(⑯　　　　)になる。
- (⑰　　　　)…種子をつくる植物のなかま。

図5

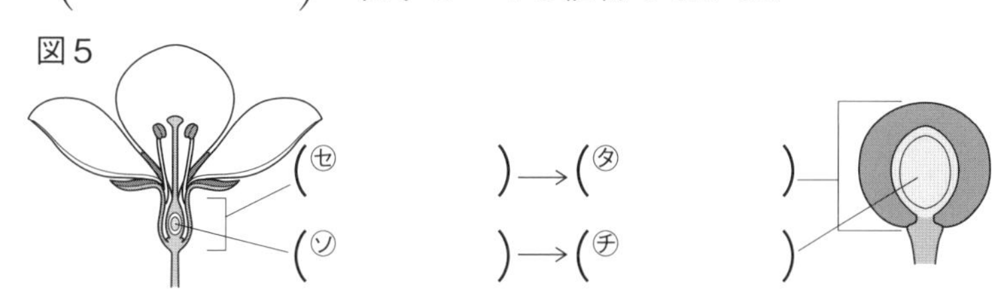

(㋝　　　　)→(㋟　　　　)
(㋞　　　　)→(㋠　　　　)

(2) 花粉の運ばれ方　虫によって花粉が運ばれる植物を**虫媒花**，風によって花粉が運ばれる植物を**風媒花**という。

満点★ミッション

⑤**がく**
図3の㋕。花弁の外側にある。

⑥**花弁**
図3の㋖。花びら。

⑦**おしべ**
図3の㋗。

⑧**めしべ**
図3の㋘。

⑨**離弁花(りべんか)**
花弁が互いに離れている花。アブラナやサクラなど。

⑩**合弁花(ごうべんか)**
花弁がくっついている花。ツツジなど。

⑪**柱頭**
図4の㋚。めしべの先。

⑫**子房**
図4の㋜。めしべの根元。

⑬**やく**
図4の㋙。花粉が入っている。

⑭**受粉**
花粉がめしべの柱頭につくこと。

⑮**果実**
図5の㋟。

⑯**種子**
図5の㋠。

⑰**種子植物**
種子をつくる植物のなかま。

ポイント
虫媒花はべたべた，風媒花は小さくさらさらした花粉が多い。

テストに出る！

予想問題　1章　身近な生物の観察　2章　植物のなかま(1)

30分　/100点

1 右の図１のようなルーペを用いて，図２のように校庭で見られる花を観察した。これについて，次の問いに答えなさい。　4点×2〔8点〕

図１

図２

(1) 図２のとき，ルーペのピントの合わせ方として正しいものはどれか。次の**ア**～**ウ**から選びなさい。　(　　)

ア　顔を前後に動かして，ピントを合わせる。
イ　花を前後に動かして，ピントを合わせる。
ウ　ルーペを前後に動かして，ピントを合わせる。

(2) スケッチのしかたについて，正しいものはどれか。次の**ア**～**エ**から選びなさい。　(　　)

ア　立体感が出るように，影をつける。
イ　輪郭（りんかく）がわかるように，先を細く削った鉛筆を使って１本の線でかく。
ウ　まわりのようすがわかるように，景色もかく。
エ　絵で表すことが目的なので，文字を書いてはいけない。

2 右の図の双眼実体顕微鏡について，次の問いに答えなさい。　
4点×6〔24点〕

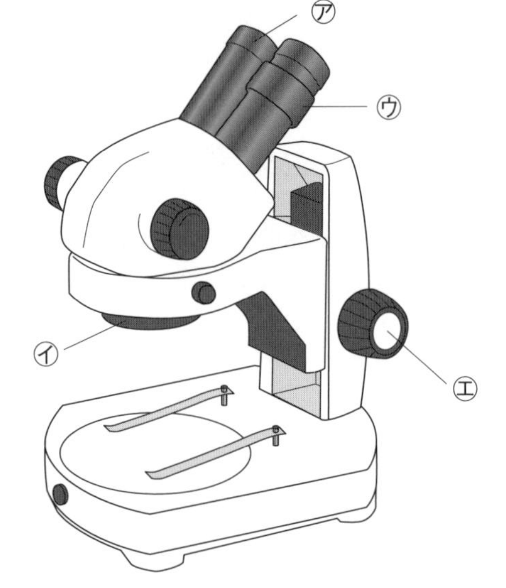

(1) 図の㋐～㋓の部分を，それぞれ何というか。

㋐(　　　　　　)
㋑(　　　　　　)
㋒(　　　　　　)
㋓(　　　　　　)

(2) 次の**ア**～**ウ**の操作を，双眼実体顕微鏡の正しい使い方の手順に並べ，記号で答えなさい。
(　　→　　→　　)

ア　鏡筒を上下させて，ピントを調節する。
イ　視度調節リングを回して，ピントを合わせる。
ウ　鏡筒の間隔を調節して，視野が重なって見えるようにする。

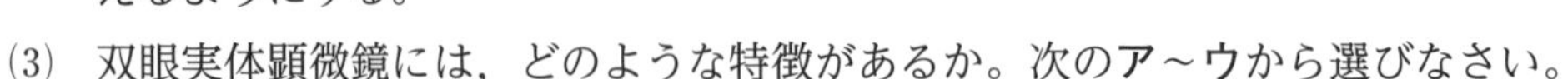
(3) 双眼実体顕微鏡には，どのような特徴があるか。次の**ア**～**ウ**から選びなさい。　(　　)

ア　立体的に観察することができる。
イ　観察しているものを動かさずに，倍率をさまざまに変えることができる。
ウ　目に見えない小さなものを，高い倍率で観察することができる。

3 下の図は，ツツジの花のつくりを観察した結果である。これについて，あとの問いに答えなさい。　4点×5〔20点〕

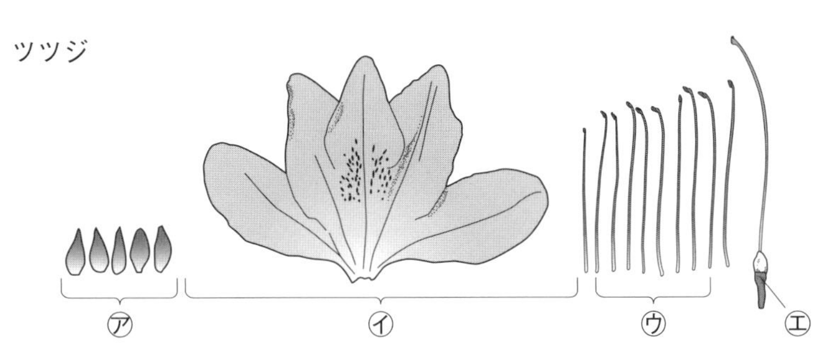

(1) 図の㋐～㋓の部分を，それぞれ何というか。
㋐(　　　　　) ㋑(　　　　　) ㋒(　　　　　) ㋓(　　　　　)

(2) ツツジの花のつくりを外側から内側に向かって並べると，どのような順になるか。㋐～㋓を並べかえなさい。　(　→　→　→　)

4 右の図は，花のつくりを模式的に示したものである。これについて，次の問いに答えなさい。　4点×5〔20点〕

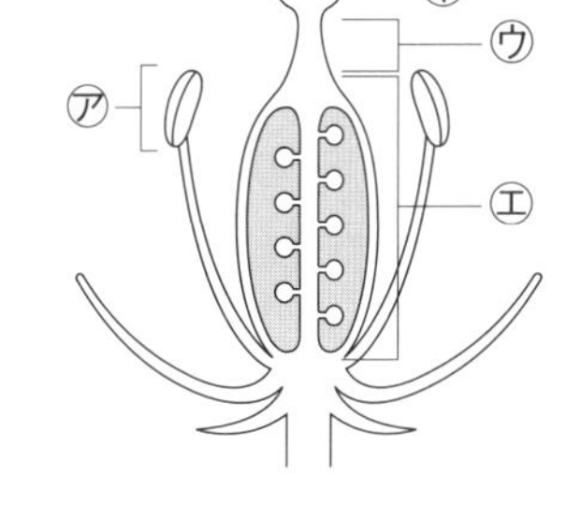

(1) 図の㋐，㋑の部分を，それぞれ何というか。

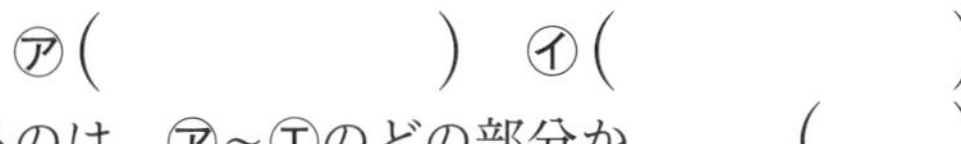

㋐(　　　　　) ㋑(　　　　　)

(2) 花粉が入っているのは，㋐～㋓のどの部分か。　(　　)

(3) アブラナのように，花弁が互いに離れている植物の花を何というか。　(　　　　　)

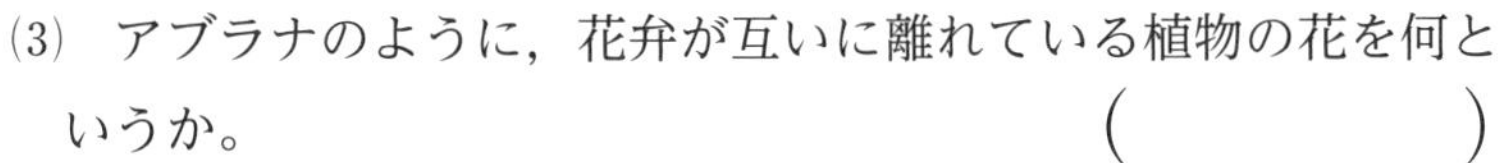

(4) (3)にあてはまる植物を，次のア～エからすべて選びなさい。　(　　　　　)

ア　ツツジ　　**イ**　アサガオ　　**ウ**　サクラ　　**エ**　エンドウ

5 右の図は，アブラナの花の断面を模式的に示したものである。これについて，次の問いに答えなさい。　4点×7〔28点〕

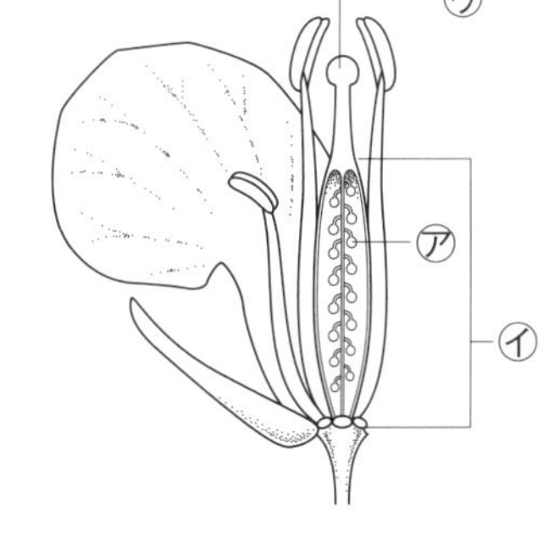

(1) 図の㋐の部分を何というか。　(　　　　　)

(2) 花粉が㋒につくことを何というか。　(　　　　　)

(3) (2)が行われた後，㋐，㋑の部分はそれぞれ何になるか。
㋐(　　　　　) ㋑(　　　　　)

(4) アブラナのように，虫によって花粉が運ばれる植物の花を何というか。　(　　　　　)

記述 (5) (4)のような花の花粉には，どのような特徴があるか。
(　　　　　　　　　　　　　　　　　　　　)

(6) アブラナのように，種子をつくる植物のなかまを何というか。
(　　　　　)

2章 植物のなかま(2)

①**葉脈**
葉に見られる，すじのようなつくり。

②**網状脈**
網目状の葉脈。ホウセンカなどに見られる。

③**平行脈**
平行になっている葉脈。ツユクサなどに見られる。

④**主根**
ヒマワリなどに見られる，太い根。

⑤**ひげ根**
トウモロコシなどの根に見られる，たくさんの細い根。

⑥**根毛**
根の先端近くにある細い毛のようなもの。

⑦**双子葉類**
ヒマワリやホウセンカなどのような，子葉が2枚の植物。

⑧**単子葉類**
イネやトウモロコシやツユクサなどのような，子葉が1枚の植物。

テストに出る！ **ココが要点** 解答 p.1

① 葉や根のつくり

教 p.32〜p.35

1 芽生え

(1) 植物の種子をまくと，葉，茎，根をもつ植物が芽生える。

(2) 植物の芽生えのちがい

- 子葉が2枚の植物…ヒマワリ，ホウセンカなど。
- 子葉が1枚の植物…イネ，トウモロコシ，ツユクサなど。

2 葉や根のつくりとはたらき

(1) (①) 葉に見られる，すじのようなつくり。水や養分の通り道がある。

- (②)…網目状の葉脈。
- (③)…平行になっている葉脈。

(2) 根のつくりとはたらき　体に水をとり入れたり，体を支えたりするはたらきがある。

- (④)と側根…太い根があり，そこから細い根がのびている根のつくり。
- (⑤)…たくさんの細い根が広がっている根のつくり。
- (⑥)…根の先端近くにある細い毛のようなもの。土の隙間に広がり，水をとり入れやすくなっている。

図1

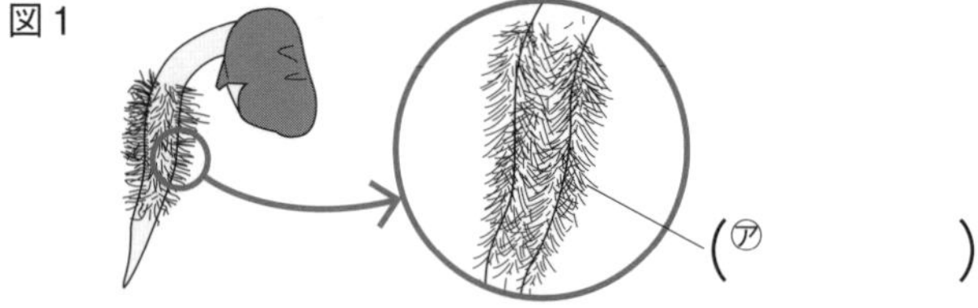

3 双子葉類と単子葉類

(1) 植物の分類　子葉の数，葉脈のようす，根のつくりで，2つのなかまに分類することができる。

- (⑦)…子葉が2枚の植物。葉脈は**網状脈**で，根は**主根**と**側根**がある。
- (⑧)…子葉が1枚の植物。葉脈は**平行脈**で，根は**ひげ根**である。

ココが要点の答えになります。

図2	双子葉類	単子葉類
子葉	2枚	1枚
葉脈	網状脈	平行脈
根のようす	主根 側根	ひげ根
植物の例	ヒマワリ，ホウセンカ，ハツカダイコン	イネ，トウモロコシ，ツユクサ

② マツやイチョウのなかま

教 p.36～p.37

1 裸子植物と被子植物

(1) マツの花のつくり　マツの花には，雌花と雄花がある。

- 雌花…（⑨　　　　）がなく，（⑩　　　　）がむき出しになっている。**種子**はできるが**果実**はできない。
- 雄花…花粉の入った（⑪　　　　）という袋がある。

図3 マツの花のつくり

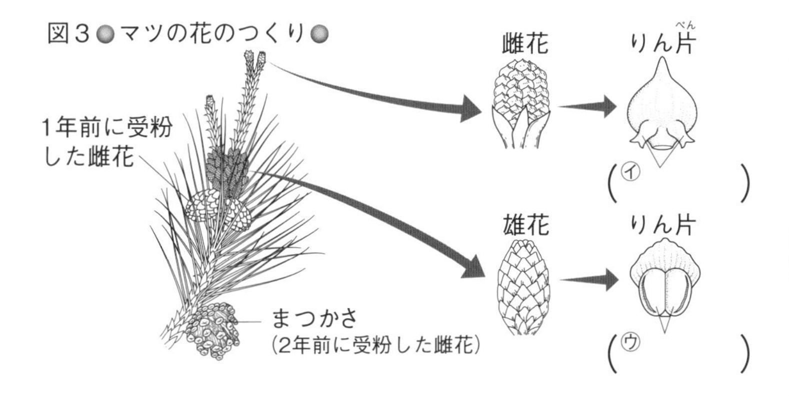

(2) 種子をつくる植物

- （⑫　　　　）…マツ，イチョウのように，胚珠が**むき出し**になっている植物。
- （⑬　　　　）…アブラナ，サクラのように，胚珠が**子房**の中にある植物。

満点ミッション

⑨**子房**
果実になる部分。

⑩**胚珠**
種子になる部分。

⑪**花粉のう**
雄花のりん片についている花粉が入っている袋。

ミス注意！
マツは，枝の先に雌花があり，雌花の下に雄花がある。

⑫**裸子植物**
種子植物のうち，胚珠がむき出しになっている植物。

⑬**被子植物**
種子植物のうち，胚珠が子房の中にある植物。

ポイント
裸子植物の多くは，風が花粉を運ぶ風媒花である。

解答 p.2

テストに出る!

予想問題　2章　植物のなかま(2)

30分

/100点

よく出る

1 右の図1はハツカダイコンとトウモロコシの芽生えのようす，図2は植物の根と葉のようすをスケッチしたものである。これについて，次の問いに答えなさい。

3点×12〔36点〕

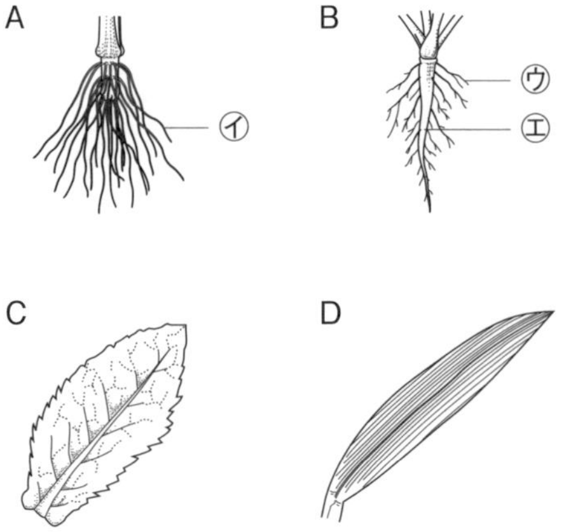

⑴　図1の㋐を何というか。

(　　　　　　)

⑵　図2の㋑，㋒，㋓の根をそれぞれ何というか。

㋑(　　　　　　)
㋒(　　　　　　)
㋓(　　　　　　)

⑶　図1のハツカダイコンのように，㋐が2枚の植物のなかまを何というか。

(　　　　　　)

⑷　⑶の根，葉脈として適当なものを，図2のA～Dからそれぞれ選びなさい。

根(　　)　葉脈(　　)

⑸　図1のトウモロコシのように，㋐が1枚の植物のなかまを何というか。

(　　　　　　)

⑹　⑸の根，葉脈として適当なものを，図2のA～Dからそれぞれ選びなさい。

根(　　)　葉脈(　　)

図1

ハツカダイコン　トウモロコシ

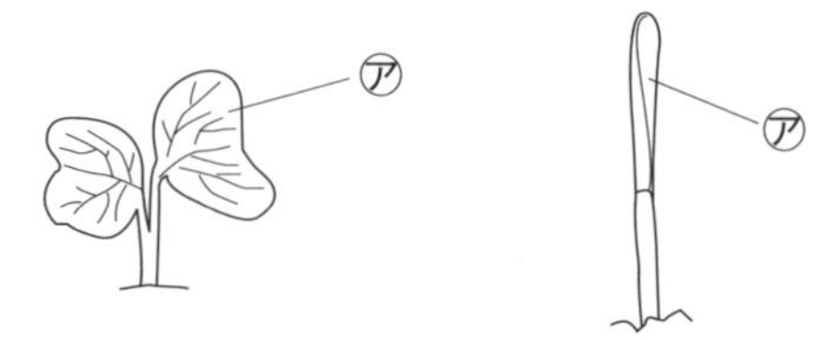

㋐　㋐

図2

A　B　C　D

㋑　㋒　㋓

⑺　⑸にあてはまる植物を，次のア～オから2つ選びなさい。

(　　)(　　)

ア　ホウセンカ　**イ**　イネ　**ウ**　イチョウ　**エ**　ツユクサ　**オ**　ヒマワリ

2 右の図は，発芽したダイコンの種子をスケッチしたものである。これについて，次の問いに答えなさい。

4点×2〔8点〕

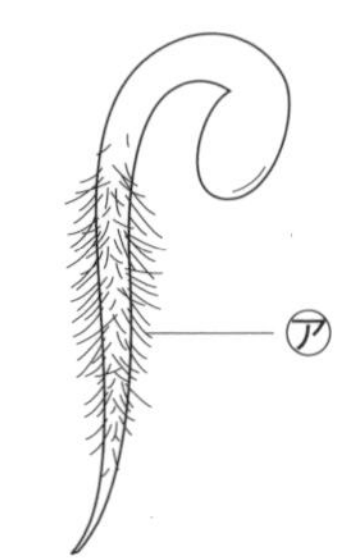

⑴　図の細い毛のような㋐を何というか。

(　　　　　　)

記述　⑵　図の㋐があることで，どのような利点があるか。「隙間」という言葉を使って簡単に答えなさい。

(　　　　　　　　　　　　　　　　　　　　)

3 右の図は，マツの花のつくりを模式的に示したものである。これについて，次の問いに答えなさい。 4点×7〔28点〕

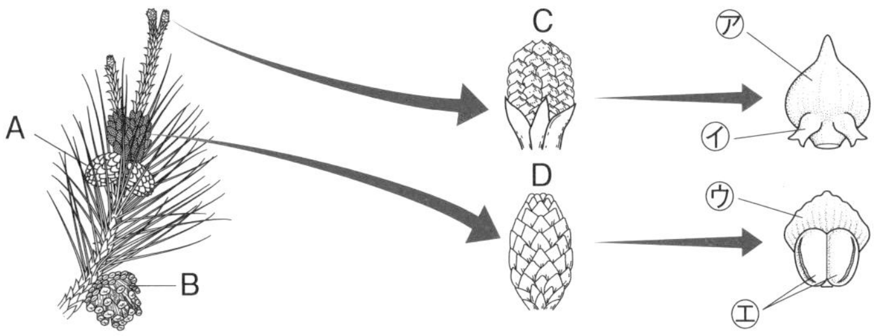

(1) 受粉してから1年後の雌花はどれか。図の**A**～**D**から選びなさい。 (　　)

(2) 受粉してから2年後の雌花で，まつかさとよばれる部分はどれか。図の**A**～**D**からから選びなさい。 (　　)

(3) 中に花粉が入っている部分は，図の㋐～㋓のどれか。記号で答えなさい。 (　　)

(4) (3)の部分を何というか。 (　　)

(5) 受粉後，種子になる部分は，図の㋐～㋓のどれか。記号で答えなさい。 (　　)

(6) (5)の部分を何というか。 (　　)

(7) マツの花について，正しいものはどれか。次の**ア**～**エ**から選びなさい。 (　　)

ア がくがあり，花の内部を守っている。　**イ** 柱頭に花粉がついて受粉する。
ウ 花弁があり，花の内部を守っている。　**エ** 胚珠に花粉がついて受粉する。

4 右の図は，アブラナとマツの花のつくりを模式的に示したものである。これについて，次の問いに答えなさい。 4点×7〔28点〕

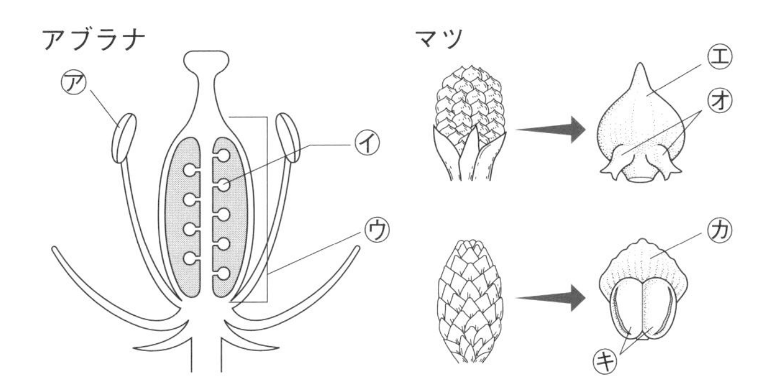

(1) アブラナの㋐～㋒の部分のうち，マツに同じ役割をするものがない部分はどれか。記号と，その部分の名前をそれぞれ書きなさい。

記号 (　　)
名前 (　　)

記述 (2) アブラナとマツでは，胚珠の状態はどのようにちがっているか。簡単に書きなさい。

(　　)

(3) 胚珠の状態がアブラナのようになっている植物を何というか。 (　　)

(4) 胚珠の状態がマツのようになっている植物を何というか。 (　　)

(5) (4)にあてはまる植物を，次の**ア**～**オ**からすべて選びなさい。 (　　)

ア ソテツ　**イ** エンドウ　**ウ** トウモロコシ　**エ** イチョウ　**オ** サクラ

(6) 受粉後，果実になる部分はどこか。図の㋐～㋖から選びなさい。

(　　)

2章 植物のなかま(3)

①胞子
シダ植物やコケ植物がつくる，なかまをふやすためのもの。
②胞子のう
胞子が入っている部分。

ポイント
胞子の大きさは，種子植物の一般的な種子より小さい。

コケ植物は，シダ植物とちがって葉・茎・根の区別がないよ。

ミス注意！
コケ植物の根のように見えるものは仮根といい，土や岩などに体を固定させるはたらきをする。

テストに出る！ ココが要点 解答 p.2

① 種子をつくらない植物 教 p.38〜p.40

1 シダ植物とコケ植物

(1) シダ植物　種子をつくらず，(①　　　　)でふえる。胞子は，湿り気のあるところに落ちると，発芽する。
胞子が入っている部分を(②　　　　)という。
例イヌワラビ，ゼンマイ，スギナ

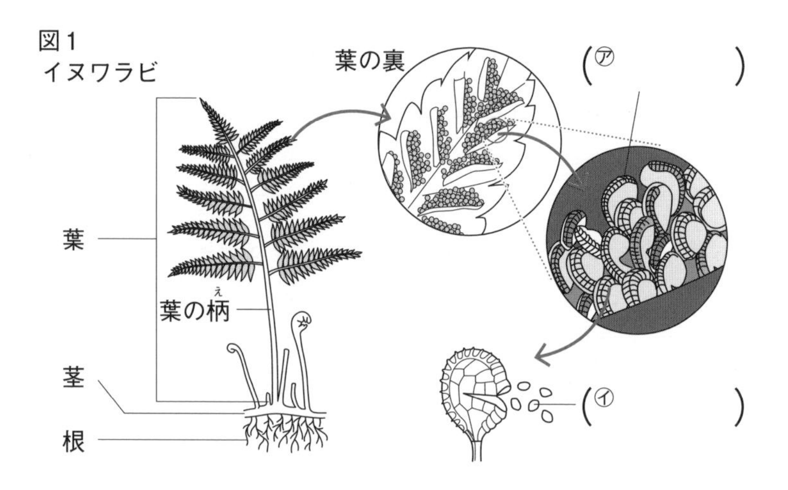

(2) コケ植物　雄株と雌株があるものが多い。シダ植物と同じように，胞子でふえる。胞子のうは雌株にある。　例ゼニゴケ

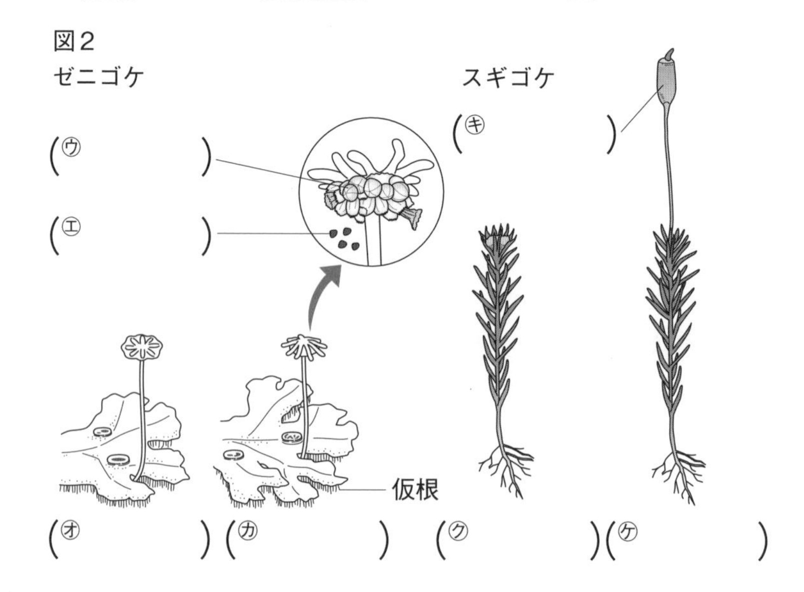

ココが要点の答えになります。

② 植物の分類

教 p.41～p.43

満点★ミッション

1 裸子植物と被子植物

(1) 植物は，さまざまな観点をもとに，**共通の特徴**をもつなかまに分類することができる。

図3 ● 植物の分類 ●

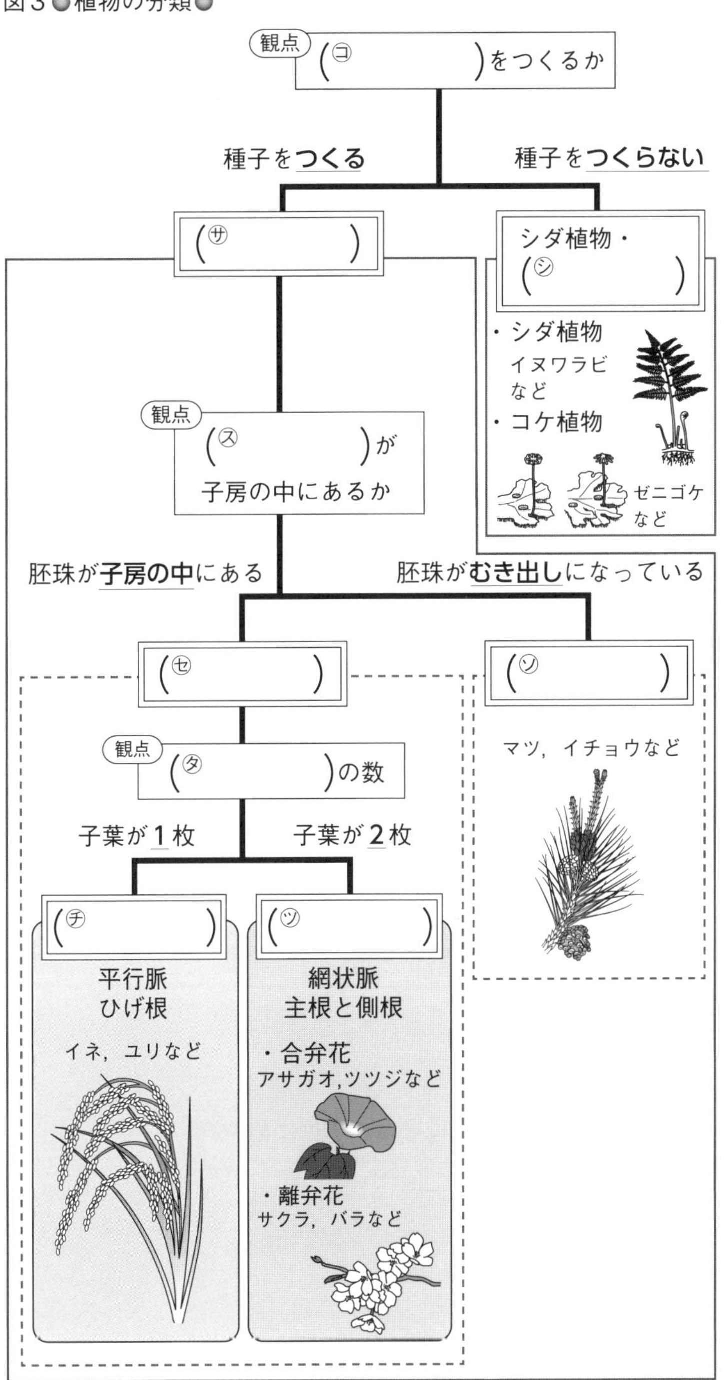

ポイント

分類をするときは，はじめに大きく分ける観点で比べてから，細かい観点で比べて分けていく。

ミス注意！

被子植物のうち，花弁のようすで分類するのは，双子葉類である。

それぞれの植物の特徴で，分類ができるようにしておこう。

テストに出る！

予想問題　2章　植物のなかま(3)

30分　/100点

よく出る **1** 右の図は，イヌワラビの体のつくりを示したものである。これについて，次の問いに答えなさい。
4点×6〔24点〕

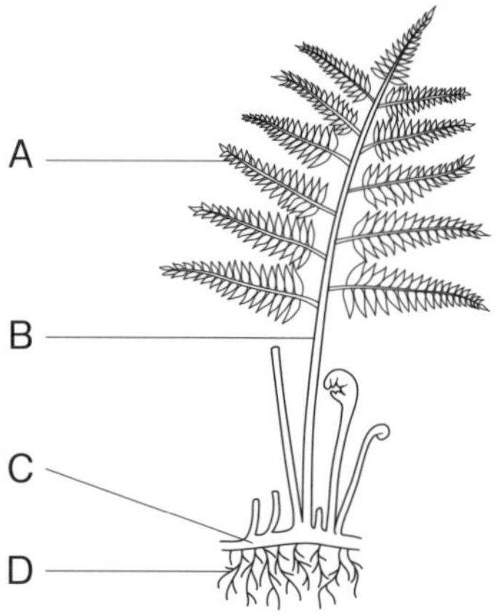

(1) イヌワラビは，何という植物のなかまか。（　　　）

(2) イヌワラビは，何をつくってなかまをふやすか。（　　　）

(3) (2)が入っている部分を何というか。（　　　）

(4) (3)はどの部分にあるか。図の**A**～**D**から選びなさい。（　　）

(5) (1)のなかまとして適当なものを，次の**ア**～**オ**から2つ選びなさい。（　　）（　　）

ア　スギゴケ　**イ**　スギナ　**ウ**　スギ　**エ**　ゼンマイ　**オ**　イネ

2 下の図は，ゼニゴケの体のつくりを示したものである。これについて，あとの問いに答えなさい。
4点×6〔24点〕

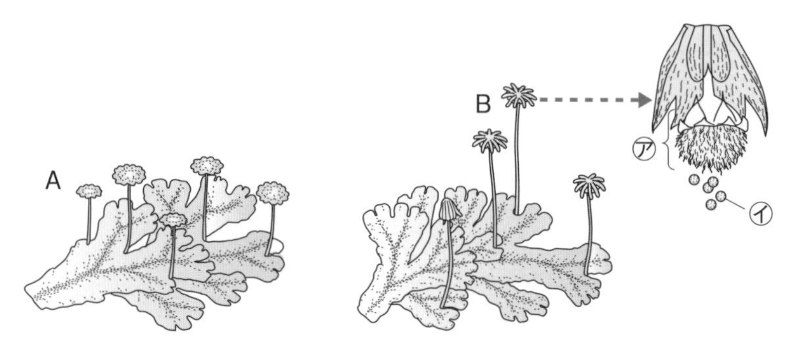

(1) ゼニゴケは，何という植物のなかまか。（　　　）

(2) 図で，雄株を示しているのものは**A**，**B**のどちらか。（　　）

(3) 図の㋐を何というか。また，㋐の中に入っている㋑を何というか。
㋐（　　　）
㋑（　　　）

(4) ゼニゴケは，水の吸収をどこで行うか。（　　　）

(5) ゼニゴケの体は，葉，茎，根の区別はあるか。（　　　）

3 右の図は，さまざまな植物をいろいろな観点をもとに分類したものである。これについて，次の問いに答えなさい。

4点×13〔52点〕

(1) 図の**A**～**C**では，どのような観点をもとに分類しているか。それぞれ次の**ア**～**エ**から選びなさい。

A（　　）
B（　　）
C（　　）

ア　種子をつくるか。
イ　花弁が離れているか。
ウ　子葉が1枚か。
エ　胚珠が子房の中にあるか。

(2) 図の①，③，④，⑤にあてはまる植物のなかまを，それぞれ何というか。

①（　　　　）
③（　　　　）
④（　　　　）
⑤（　　　　）

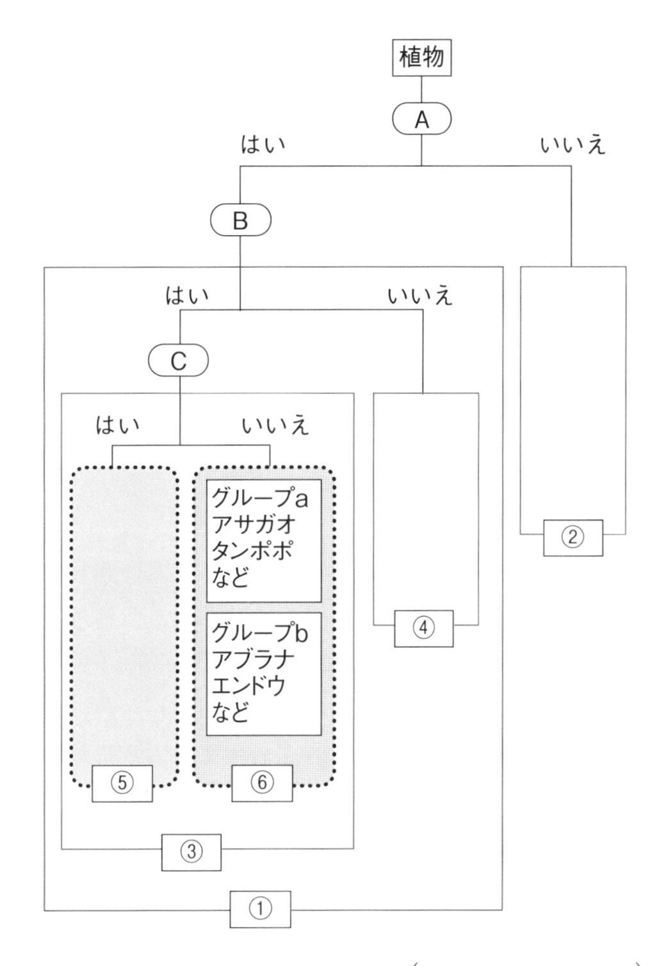

(3) 図の②にあてはまる植物を，次の**ア**～**オ**からすべて選びなさい。

（　　　　）

ア　ツツジ　**イ**　ソテツ　**ウ**　ゼンマイ　**エ**　ゼニゴケ　**オ**　トウモロコシ

(4) 図の④にあてはまる植物を，(3)の**ア**～**オ**から選びなさい。（　　）

(5) 図の⑤にあてはまる植物には，どのような特徴があるか。次の表の**ア**～**エ**から正しい組み合わせを選びなさい。（　　）

	ア	イ	ウ	エ
葉脈	平行脈	平行脈	網状脈	網状脈
根のようす	ひげ根	主根と側根	ひげ根	主根と側根

記述 (6) 図のグループ**a**にあてはまる植物の花には，どのような特徴があるか。

（　　　　　　　　　　　　　　　　）

(7) 図のグループ**a**，グループ**b**のような植物の花を，それぞれ何というか。

グループ**a**（　　　　）
グループ**b**（　　　　）

3章　動物のなかま

①脊椎動物
背骨がある動物。魚類，両生類，は虫類，鳥類，哺乳類に分類できる。

②肺
陸上で呼吸をするための器官。

③えら
水中で呼吸をするための器官。

④うろこ
魚類やは虫類の体を覆うもの。

⑤羽毛（うもう）
鳥類の体を覆うもの。

⑥毛
哺乳類の体を覆うもの。

⑦卵生
雌が体外に卵を産み，その卵から子がかえること。

⑧胎生（たいせい）
受精後，雌の子宮で卵が育ち，子としての体ができてから生まれること。

⑨草食動物
植物を食べる動物。

⑩肉食動物
他の動物を食べる動物。

テストに出る！ ココが要点　解答 p.3

1 脊椎動物（せきついどうぶつ）　教 p.44～p.55

1 脊椎動物

(1) (① 　　　) 背骨がある動物。5つのグループに分類できる。

(2) 呼吸のしかた

- は虫類，鳥類，哺乳類…(② 　　　)で呼吸をする。
- 魚類…(③ 　　　)で呼吸をする。
- 両生類…子はえらと皮ふで，成長すると肺と皮ふで呼吸をする。

(3) 体の表面のようす

- 魚類…(④ 　　　)で覆（おお）われている。
- 両生類…皮ふは湿っていて，乾燥（かんそう）に弱い。
- は虫類…かたいうろこで覆われ，乾燥に強い。
- 鳥類…(⑤ 　　　)で覆われている。
- 哺乳類…やわらかい(⑥ 　　　)で覆われている。

(4) 子の生まれ方と育ち方

- 魚類，両生類…(⑦ 　　　)。水中で卵（らん）がかえる。
- は虫類，鳥類…卵生（らんせい）。陸上で卵がかえる。卵には子の成長に必要な養分が含まれている。は虫類の卵は親が世話をしなくてもかえるものが多い。鳥類の卵は親があたためることによってかえる。
- 哺乳類…(⑧ 　　　)。雌（めす）の子宮の中で養分をもらって育ち，生まれてしばらくは，雌の親が出す乳で育つ。

2 草食動物と肉食動物の体のつくりと食物

(1) 目のつき方と歯の形

- (⑨ 　　　)…主に植物を食べる動物。側方に向いた2つの目で，広い範囲（はんい）を見張ることができる。門歯（もんし）(前歯)で草や木を食いちぎり，臼歯（きゅうし）で細かくすりつぶして食べる。
- (⑩ 　　　)…主に他の動物を食べる動物。前方に向いた2つの目で，獲物（えもの）となる動物との距離（きょり）をはかる。発達した犬歯（けんし）ととがった臼歯で獲物をとらえ，肉を食いちぎったり，骨をかみ砕（くだ）いたりする。

ココが要点の答えになります。

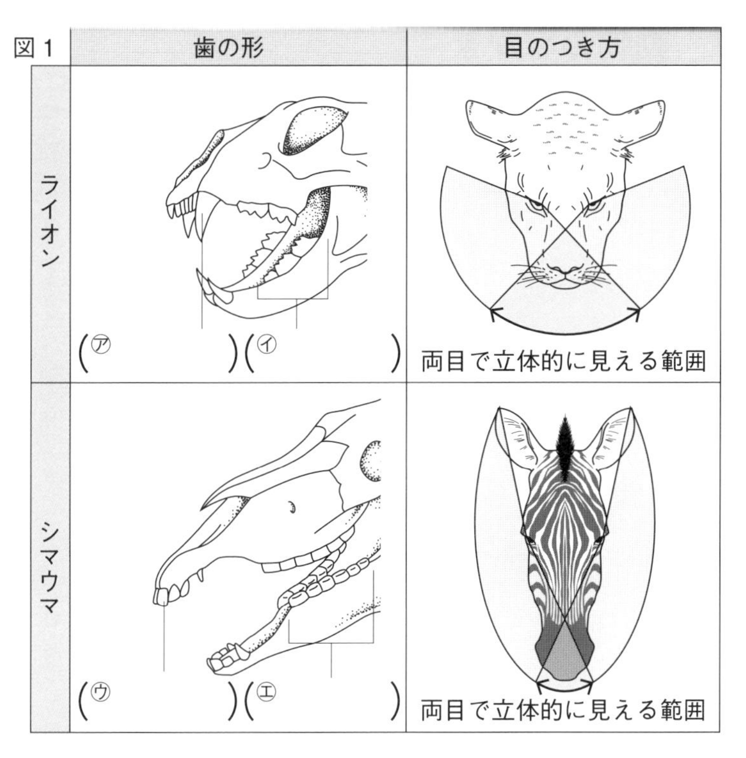

ポイント

草食動物は，広い範囲を見張ることで，いち早く，ライオンなどの肉食動物に気づくことができる。

② 無脊椎動物

教 p.56～p.60

1 無脊椎動物

(1) (⑪　　　　) 体の外側にかたい殻があり，体やあしに節がある動物。体を支え，内部を保護するかたい殻を(⑫　　　　)という。エビやカニなどの**甲殻**類，バッタやチョウなどの**昆虫**類などがある。**脱皮**して成長する。

(2) (⑬　　　　) 骨格を**もたない**無脊椎動物。内臓は，(⑭　　　　)というやわらかい膜で包まれている。

例 二枚貝や巻き貝，タコやイカのなかま

(3) その他の無脊椎動物

例 ミミズ，クラゲ，ウニ

図2 アサリの体

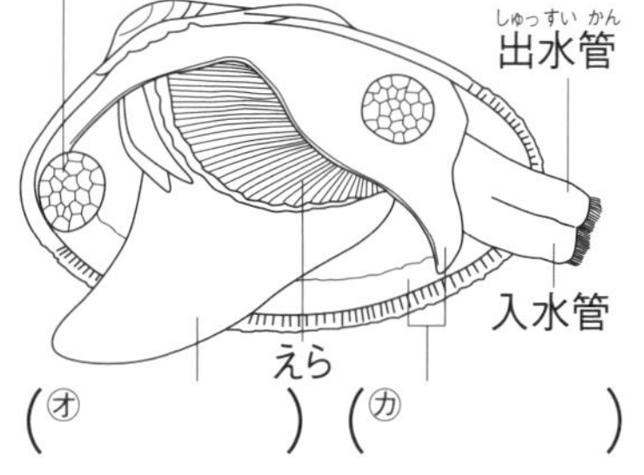

⑪**節足動物**
体が多くの節からできていて，あしにも節のある動物。

⑫**外骨格**
節足動物の体の外側にあるかたい殻。筋肉は外骨格の内側についている。

⑬**軟体動物**
アサリやイカなど，体に節がない無脊椎動物。内臓を包む外とう膜をもつ。

⑭**外とう膜**
図2の㋕。内臓を包むやわらかい膜。

③ 動物の分類

教 p.61～p.66

1 動物の分類

(1) 動物は，**背骨**があるかないか，また，子の生まれ方，**呼吸**のしかたなどで分類することができる。

 解答 p.3

テストに出る!
予想問題　3章　動物のなかま

30分　/100点

よく出る **1** 下の図のA～Eは，背骨のある動物である。これについて，あとの問いに答えなさい。

4点×11〔44点〕

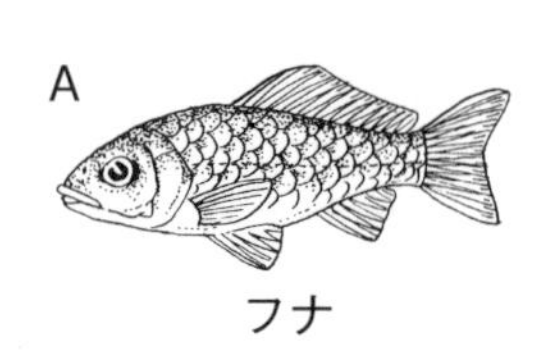

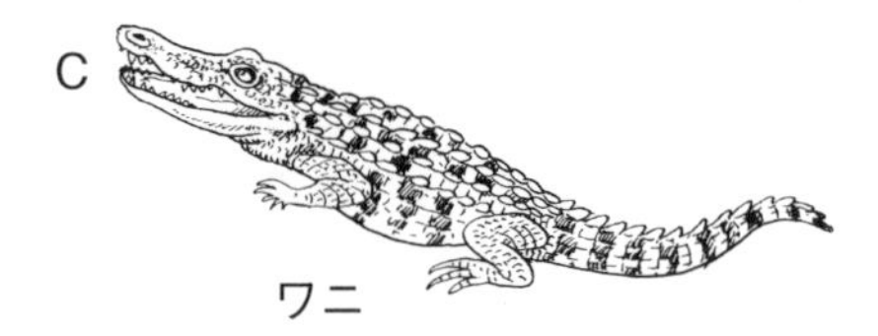

⑴　背骨がある動物のことを何というか。　(　　　　)

⑵　次の特徴をもつ動物を，それぞれA～Eからすべて選びなさい。

①陸上に殻のある卵を産む。　(　　　　)

②子はえらと皮ふ，成長すると肺と皮ふで呼吸する。　(　　　　)

③生まれた子は，しばらくの間，乳を飲んで育つ。　(　　　　)

④体がうろこで覆われている。　(　　　　)

⑶　⑵の③の動物の子は，母親の子宮の中である程度育ってから生まれる。このような子の生まれ方を何というか。　(　　　　)

⑷　BとCの動物のグループを比べるとき，乾燥に強い体をしているのは，どちらか。　(　　　　)

⑸　Aの動物のグループを魚類というが，B～Eの動物のグループを，それぞれ何というか。

B(　　　　)　C(　　　　)

D(　　　　)　E(　　　　)

2 右の図は，ある動物の頭骨である。これについて，次の問いに答えなさい。

5点×2〔10点〕

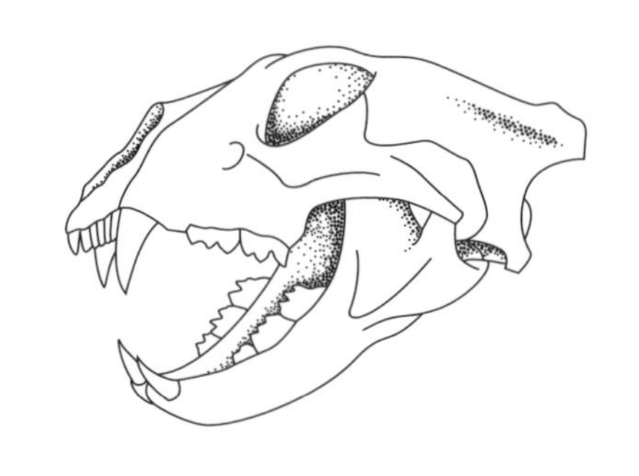

⑴　この動物の頭骨は，草食動物と肉食動物のどちらのものか。　(　　　　)

記述 ⑵　⑴の動物の歯は，どのようなことに役立っているか。

(　　　　)

3 右の図は，トノサマバッタを表したものである。これについて，次の問いに答えなさい。

4点×7〔28点〕

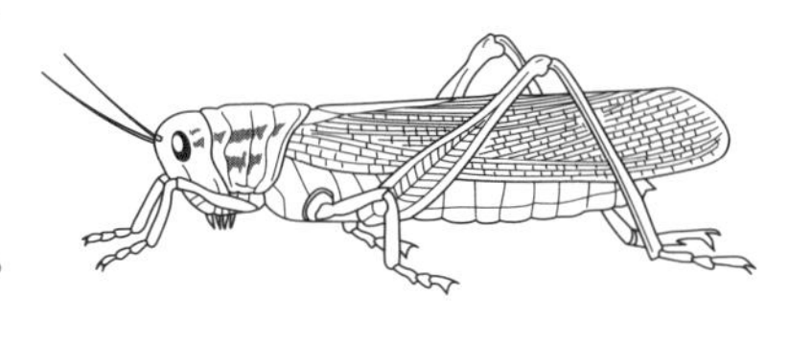

(1) トノサマバッタのように，体が３つの部分に分かれ，胸部に３対(６本)のあしがある動物のグループを何というか。 (　　　　)

(2) トノサマバッタの体は，かたい殻でおおわれている。この殻を何というか。 (　　　　)

(3) (2)の殻をもち，体やあしに節のある動物のグループを何というか。 (　　　　)

(4) 次の**ア**～**コ**から，(3)の動物のグループにあてはまるものをすべて選びなさい。 (　　　　)

ア クモ　**イ** タコ　**ウ** ウニ　**エ** ミミズ　**オ** マイマイ
カ クラゲ　**キ** アサリ　**ク** チョウ　**ケ** エビ　**コ** カニ

(5) イカは，内臓がやわらかい膜で包まれている。この膜を何というか。 (　　　　)

(6) (5)の膜をもつ動物のグループを何というか。 (　　　　)

(7) (4)の**ア**～**コ**から，(6)の動物のグループにあてはまるものをすべて選びなさい。 (　　　　)

4 下の表のア～カの動物について，特徴を調べた。図は，そのうちのある動物の観察カードの一部である。これについて，あとの問いに答えなさい。

6点×3〔18点〕

表

ア	トカゲ
イ	アメリカザリガニ
ウ	ハト
エ	キンギョ
オ	ヒキガエル
カ	アサリ

観察カード

〈特徴〉
・背骨がある。
・卵を産む。
・体の中で受精する。
・肺だけで呼吸を行う。

(1) **ア**～**カ**の動物を，「背骨があるかどうか」という観点によってグループ**A**，グループ**B**の２つに分類した。**ア**をグループ**A**に入れた場合の，グループ**A**に入る動物を，**イ**～**カ**からすべて選びなさい。 (　　　　)

(2) 図の観察カードは，どの動物のものだと考えられるか。考えられる動物を**ア**～**カ**からすべて選びなさい。 (　　　　)

(3) 図の観察カードが，(2)で選んだうちのどの動物のものかを特定するには，他にどのような特徴がわかればよいか。次の**ア**～**ウ**から選びなさい。 (　　)

ア 卵の殻の有無　**イ** 生活場所(水中か陸上か)　**ウ** 体の表面のようす

1章 いろいろな物質

テストに出る! ココが要点 解答 p.4

① 実験器具の使い方

教 p.76～p.79

1 メスシリンダー

(1) メスシリンダーの使い方

- 水平な台の上に置いて使う。
- 液面の最も低い位置を真横から見て目盛りを読む。
- 目盛りは，最小目盛りの$\frac{1}{10}$まで目分量で読む。

図1

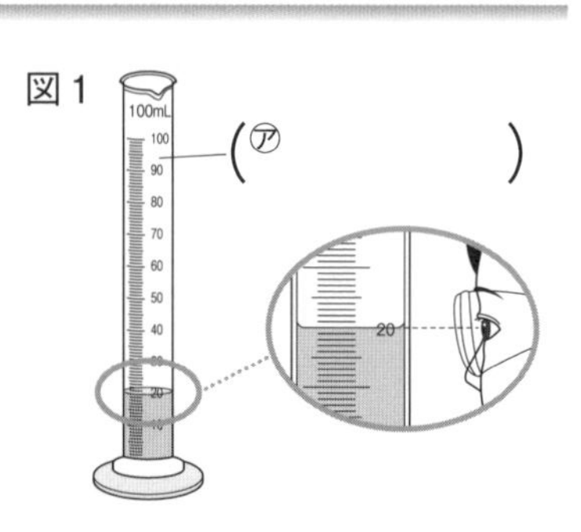

2 ガスバーナー

(1) ガスバーナーの使い方

❶ ガス調節ねじと空気調節ねじが閉まっていることを確認する。

❷ ガスの(①)とコックを開く。

❸ マッチに火をつけてから，(②)を少しずつ開いて，点火し，炎の大きさを調節する。

❹ ガス調節ねじを押さえて，(③)だけを開き，青い炎にする。

- 火を消すときは，空気調節ねじ→ガス調節ねじの順に閉める。

図2 ガスバーナー　図3 炎の調節

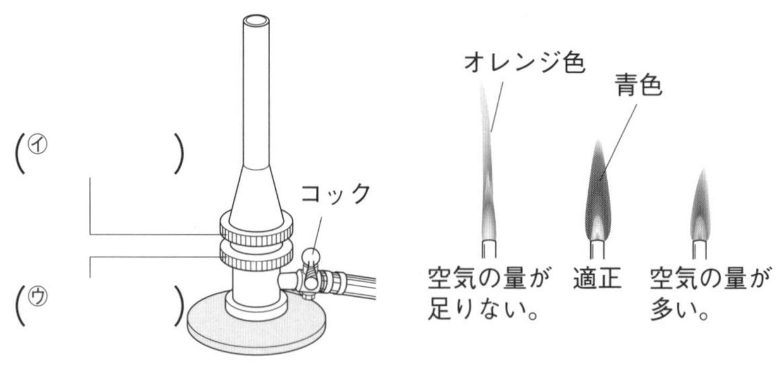

3 試験管の加熱

(1) 液体の加熱　試験管で液体を加熱するときは，突然沸騰するのを防ぐために，(④)を入れる。

①元栓
ガス管から器具へガスを送る部分の栓。

②ガス調節ねじ
図2の㋒。ガスの量を調節する。

③空気調節ねじ
図2の㋑。空気の量を調節する。

ミス注意!
ガスバーナーに火をつけるときは，ガス調節ねじ→空気調節ねじの順に開く。

④沸騰石
液体の突沸(突然沸騰すること)を防ぐために入れるもの。

ココが要点の答えになります。

② いろいろな物質

教 p.80～p.87

1 物質の調べ方

(1) (⑤　　　　　) ものをつくっている材料。物質は，性質のちがいによって区別することができる。 例金属，プラスチック

2 有機物と無機物

(1) 有機物と無機物

- (⑥　　　　　)…炭素を含む物質。その多くは，加熱すると燃えて，二酸化炭素や水を発生する。
- (⑦　　　　　)…有機物（ゆうきぶつ）以外の物質。

図4

物質	
有機物	無機物
砂糖，ろう，エタノール，プロパン，プラスチック，木，紙	食塩，鉄，アルミニウム，水，ガラス，炭（炭素），酸素

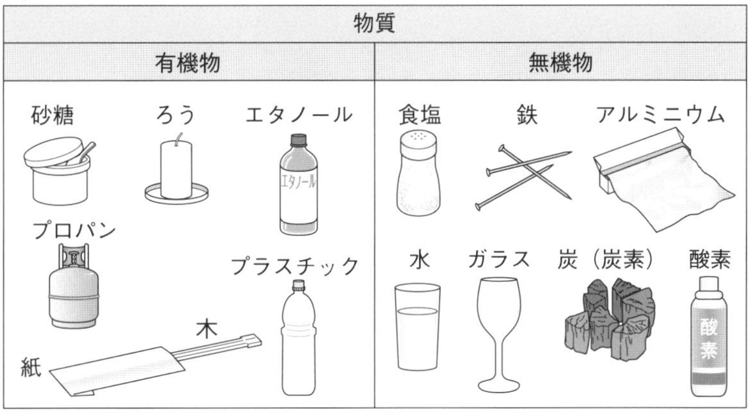

3 金属

(1) 金属の性質

- 磨（みが）くと光を受けて輝（かがや）く（金属光沢（こうたく））。
- たたくと広がり（展性（てんせい）），引っ張るとのびる（延性（えんせい））。
- 電流が流れやすく，熱が伝わりやすい。

(2) (⑧　　　　　) 金属以外の物質。

③ 密度（みつど）

教 p.88～p.91

1 密度

(1) (⑨　　　　　) 物体そのものの量。単位はkgやgを使う。

(2) (⑩　　　　　) 物質の一定の体積当たりの質量。

$$密度[g/cm^3] = \frac{物質の質量[g]}{物質の体積[cm^3]}$$

図5

	固体		液体			気体
物質	鉄	アルミニウム	水銀	水（4℃）	エタノール	酸素
密度	7.87	2.70	13.53	1.00	0.79	0.0013

（温度を示していないものは20℃のときの値）

満点ミッション

⑤物質
ものをつくっている材料。

⑥有機物
炭素を含み，加熱すると燃えて炭になったり，二酸化炭素や水を発生したりする物質。

⑦無機物（むきぶつ）
有機物以外の物質。

ポイント
スチールウールは燃えるが，燃えても二酸化炭素を発生しないので無機物である。

ミス注意！
炭（炭素）は燃やすと二酸化炭素になるが，無機物である。

ミス注意！
磁石に引きつけられる性質は，一部の物質にしかない性質で，金属に共通の性質ではない。

⑧非金属（ひきんぞく）
金属以外の物質。

⑨質量
物体そのものの量。上皿てんびんなどではかることができる。

⑩密度
一定の体積当たりの質量。密度の大きさは，物質によってちがう。

解答 p.4

テストに出る！

予想問題　1章　いろいろな物質

🕒30分

/100点

よく出る **1** 食塩，砂糖，片栗粉(かたくりこ)のいずれかであることがわかっているA～Cの粉末がある。これらの粉末を区別する方法について，次のような実験を行った。これについて，あとの問いに答えなさい。

5点×7〔35点〕

実験1　水を入れた試験管にそれぞれの物質を入れ，よくかき混ぜたところ，A，Bは水に溶けたが，Cは水に溶けなかった。

実験2　A～Cの物質をそれぞれ燃焼さじにのせて加熱したところ，A，Cは燃えたが，Bは変わらなかった。

実験3　実験2で火がついたA，Cをそれぞれ集気瓶に入れてふたをした。火が消えたら物質をとり出して，発生した気体を調べた。

(1)　実験2のA，Cの物質のように，熱すると黒くこげる物質を何というか。

(　　　　　)

記述 (2)　実験3で発生した気体を調べる方法を書きなさい。

(　　　　　　　　　　　　　　　　　　　　　　　　　　　　　　　)

(3)　実験3で発生した気体は何か。　(　　　　　)

記述 (4)　実験3で火が消えた集気瓶を観察すると，内側がくもっていた。このことから，AとCについて何がわかるか。

(　　　　　　　　　　　　　　　　　　　　　　　　　　　　　　　)

(5)　A～Cの物質はそれぞれ何か。

A(　　　　　)　B(　　　　　)　C(　　　　　)

よく出る **2** 右の図は，ガスバーナーに火をつけるようすを示したものである。これについて，次の問いに答えなさい。

5点×5〔25点〕

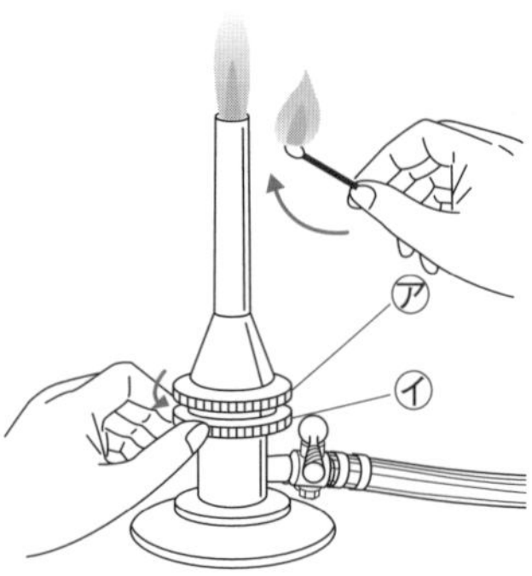

(1)　図㋐，㋑のねじを何というか。

㋐(　　　　　)

㋑(　　　　　)

(2)　次のア～エの操作を，ガスバーナーに火をつける手順に並べ，記号で答えなさい。

(　　→　　→　　→　　)

ア　図の㋐のねじを開く。

イ　図の㋑ねじを開く。

ウ　マッチに火をつける。

エ　元栓を開く。

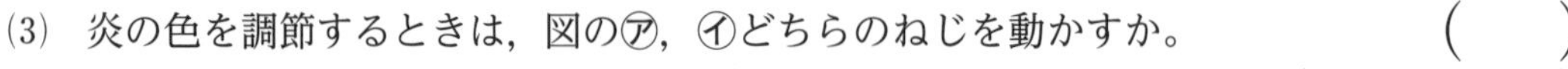

(3)　炎の色を調節するときは，図の㋐，㋑どちらのねじを動かすか。　(　　)

(4)　炎の色は，何色になるように調節するか。　(　　　　　)

3 次のア～エの物質をいろいろな方法で調べた。これについて，あとの問いに答えなさい。

4点×4〔16点〕

ア 鉄　イ ガラス　ウ アルミニウム　エ プラスチック

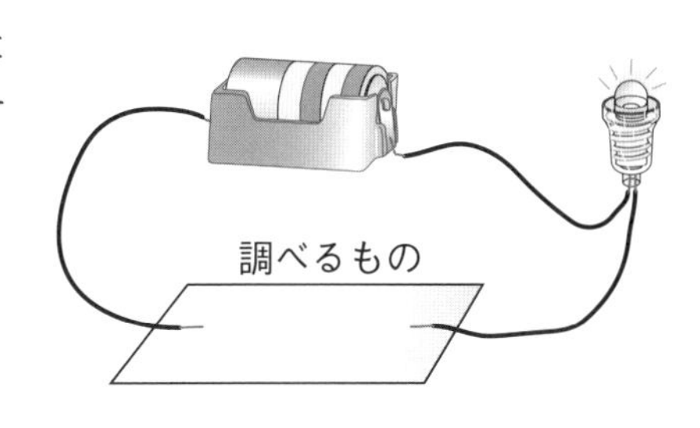

(1) 図のような方法で，電気を流すかどうかを調べたとき，電気を流すものはどれか。上の**ア**～**エ**からすべて選びなさい。

(　　　　　　)

(2) 磁石につくものはどれか。上の**ア**～**エ**から選び，記号で答えなさい。(　　)

(3) 金属はどれか。上の**ア**～**エ**からすべて選びなさい。

(　　　　　　)

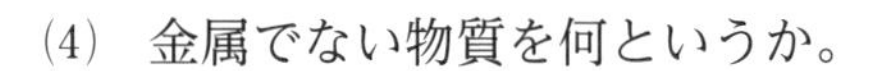

(4) 金属でない物質を何というか。

(　　　　　　)

4 ある物体Aについて調べるために，次のような実験を行った。また，表はいろいろな物質の密度を表している。これについて，次の問いに答えなさい。

4点×6〔24点〕

実験　メスシリンダーに50.0mLの水を入れ，細い糸でつるした物体Aを沈めたところ，図のようになった。また，物体Aの質量を上皿てんびんではかったところ，134.4gであった。

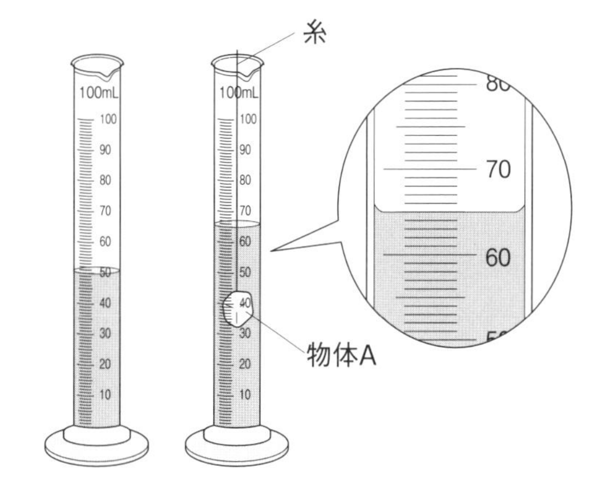

(1) 図のメスシリンダーの目盛りを読みとりなさい。

(　　　　　　)

(2) 物体Aの体積は何cm^3か。

(　　　　　　)

(3) 物体Aの密度は何g/cm^3か。

(　　　　　　)

(4) 物体Aは何からできていると考えられるか。表の物質から選びなさい。

(　　　　　　)

(5) $20cm^3$の物体をアルミニウムでつくったとすると，質量は何gになるか。

(　　　　　　)

物質	密度〔g/cm^3〕
ガラス	2.4～2.6
アルミニウム	2.70
鉄	7.87
銅	8.96
銀	10.49

(6) 表の物質について，質量が同じであるとき，体積が最も小さいのはどれか。

(　　　　　　)

2章 気体の発生と性質

テストに出る! ココが要点 解答 p.5

① 気体の性質と集め方

教 p.92〜p.94

1 気体の性質の調べ方

(1) 色 気体の後ろに白い紙を立てる。
(2) におい **手であおぐ**ようにしてにおいをかぐ。
(3) 水への溶けやすさ 気体と水をペットボトルに入れて振る。
(4) 水に溶けたときの性質 水でぬらした**リトマス紙**を気体にふれさせて，色の変化を調べる。
(5) ものを燃やすはたらきがあるか 火のついた線香を入れる。
(6) 燃えるかどうか 火のついたマッチを近づける。
(7) 石灰水（せっかいすい）の変化 気体を集めた試験管に石灰水を入れて振る。白くにごれば**二酸化炭素**。

2 気体の集め方

(1) 気体の集め方 密度と**水**への溶けやすさを考えて方法を選ぶ。
- (①)…水に**溶けにくい**，または少し溶ける気体を集める方法。
- (②)…水に溶けやすく，空気より密度が**大きい**(重い)気体を集める方法。
- (③)…水に溶けやすく，空気より密度が**小さい**(軽い)気体を集める方法。

図1

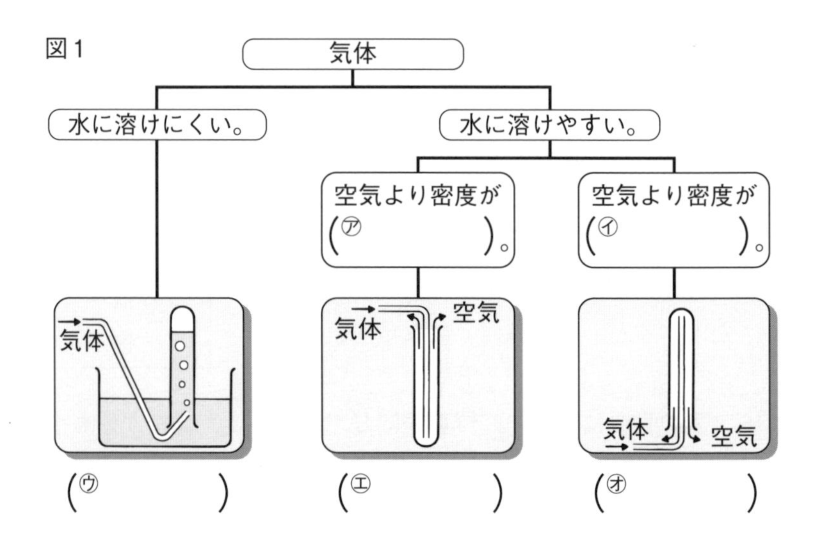

ポイント
水に溶けやすい気体に水でぬらしたリトマス紙をふれさせると，気体が水に溶けて，水溶液（すいようえき）の性質を示す。

①**水上置換法**（すいじょうちかんほう）
図1の㋒の気体の集め方。密度に関係なく，水に溶けにくい気体を集めるのに適している。
②**下方置換法**
図1の㋓の気体の集め方。水への溶けやすさに関係なく，空気より密度が大きい気体を集めるのに適している。
③**上方置換法**
図1の㋔の気体の集め方。水への溶けやすさに関係なく，空気より密度が小さい気体を集めるのに適している。

ココが要点の答えになります。

② 身のまわりの気体

教 p.95～p.101

1 酸素と二酸化炭素

(1) (④　　　　) ものを燃やすはたらき(助燃性)があり，火のついた線香を激しく燃やす。体積で空気の約2割を占める。うすい(⑤　　　　　　)が二酸化マンガンにふれると発生する。水に溶けにくい。

(2) (⑥　　　　　　) 石灰水を白くにごらせる。有機物を燃やしたり，石灰石をうすい(⑦　　　　)に入れたりすると発生する。空気より密度が大きく，水に少し溶ける。水溶液は酸性を示す。

2 身のまわりの気体

(1) (⑧　　　　) 空気の約8割を占める気体。水にほとんど溶けない。

(2) (⑨　　　　) 最も密度の小さい気体。水に溶けにくい。酸素と混ざったものが火にふれると，爆発的に燃える。うすい塩酸に鉄や亜鉛などの金属を入れると発生する。

(3) (⑩　　　　) 特有の刺激臭がある。空気より密度が小さく，水によく溶けてアルカリ性の水溶液になる。塩化アンモニウムと水酸化ナトリウムを混合して，少量の水を加えると発生する。

図2

気体	色 におい	密度※ 〔g/L〕	水への溶けやすさ (水溶液の性質)	気体の集め方
水素	無色 無臭	0.08	**溶けにくい**	水上置換法 上方置換法
メタン	無色 無臭	0.67	溶けにくい	水上置換法 上方置換法
アンモニア	無色 **刺激臭**	0.72	非常に**溶けやすい** (アルカリ性)	上方置換法
窒素	無色 無臭	1.16	溶けにくい	水上置換法
空気		1.20		
酸素	無色 無臭	1.33	溶けにくい	水上置換法
塩化水素	無色 **刺激臭**	1.53	非常に**溶けやすい** (酸性)	下方置換法
二酸化炭素	無色 無臭	1.84	**少し溶ける** (酸性)	水上置換法 下方置換法

※20℃での密度。気体の密度はg/L(グラム毎リットル)で表すことが多い。

満点ミッション

④酸素
空気の約2割を占め，ものを燃やすはたらきがある気体。

⑤過酸化水素水
酸素が発生する。オキシドールともいう。

⑥二酸化炭素
有機物を燃やすと，生じる気体。呼吸でも生じる。

⑦塩酸
酸性の水溶液。塩化水素が水に溶けてできる。

⑧窒素
空気の約8割を占める気体。

⑨水素
酸素と混ざると，火にふれたとき爆発的に燃える。

⑩アンモニア
特有の刺激臭がある気体。有毒である。

ポイント
二酸化炭素は水に溶けるが，溶ける量が多くないので，水上置換法でも集めることができる。

テストに出る！

予想問題　2章　気体の発生と性質

30分　/100点

よく出る **1** 右の図のような装置で，酸素や二酸化炭素を発生させ，その性質を調べる実験を行った。これについて，次の問いに答えなさい。　4点×8〔32点〕

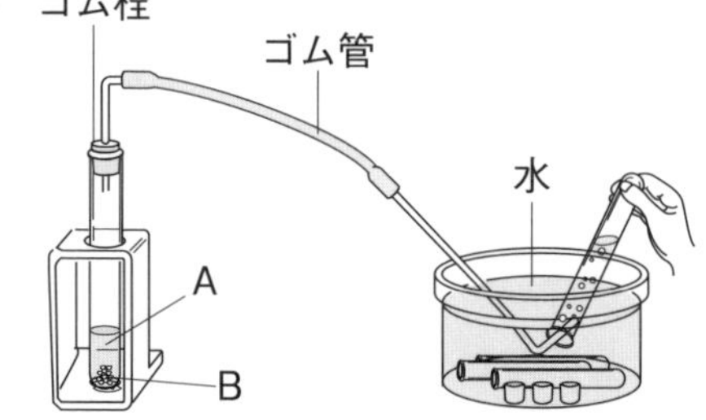

(1) 酸素を発生させるとき，図のA，Bの物質は，どのような組み合わせにするか。次の**ア**～**カ**からそれぞれ選びなさい。

A（　　）　B（　　）

ア　石灰水　　**イ**　うすい塩酸
ウ　亜鉛　　**エ**　オキシドール
オ　石灰石　　**カ**　二酸化マンガン

(2) 二酸化炭素を発生させるとき，図のA，Bの物質は，どのような組み合わせにするか。(1)の**ア**～**カ**からそれぞれ選びなさい。

A（　　）　B（　　）

(3) 図のような気体の集め方を何というか。　（　　　　）

(4) 図の方法で気体を集めるときは，気体が発生してからしばらくして集める。この理由として適当なものを，次の**ア**～**ウ**から選びなさい。　（　　）

ア　最初は，装置内の空気を多く含むから。
イ　最初は，別の気体が発生しているから。
ウ　最初は，水槽(すいそう)内の水が逆流するおそれがあるから。

記述 (5) 酸素が図のような方法で集められるのは，どのような性質があるからか。
（　　　　　　　　　　　　　　　　）

(6) 酸素を集めた試験管に，火のついた線香を入れるとどうなるか。次の**ア**～**エ**から選びなさい。　（　　）

ア　火が消える。　　**イ**　線香が激しく燃える。
ウ　気体が激しく燃える。　　**エ**　線香の火が弱くなる。

2 右の図は，空気の組成を表したグラフである。これについて，次の問いに答えなさい。　4点×3〔12点〕

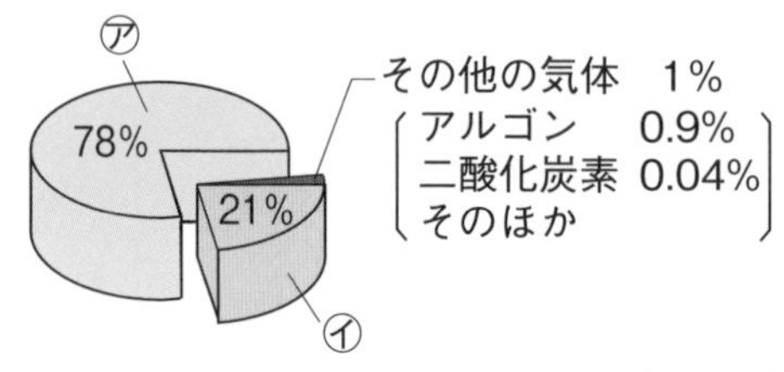

(1) 図の㋐，㋑にあてはまる気体は何か。

㋐（　　　　）　㋑（　　　　）

(2) 図の㋐の気体の性質として正しいものを，次の**ア**～**エ**から選びなさい。　（　　）

ア　無色でにおいがない。　　**イ**　無色でにおいがある。
ウ　燃えやすい。　　**エ**　水に溶けやすい。

よく出る **3** 右の図のような装置で水素を発生させ，その性質を調べる実験を行った。これについて，次の問いに答えなさい。 5点×4〔20点〕

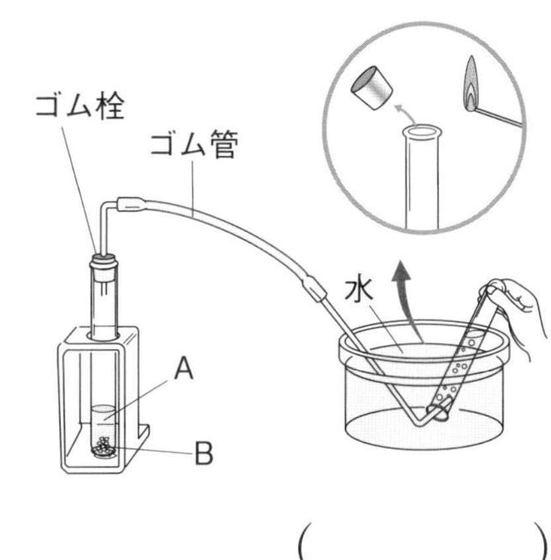

(1) 図の液体A，固体Bはそれぞれ何か。次のア～カからそれぞれ選びなさい。

A（　　） B（　　）

ア うすい塩酸　**イ** エタノール
ウ 石灰石　**エ** オキシドール
オ 亜鉛　**カ** 二酸化マンガン

(2) 図のように水素を集めた試験管に火を近づけると，どうなるか。（　　　　　　）

(3) (2)のときにできる物質は何か。（　　　　）

4 アンモニアの入ったフラスコを，右の図のようにビーカーにつなぐと，ビーカーの水が吸い上げられ，フラスコ内に噴水（ふんすい）ができた。次の問いに答えなさい。 4点×3〔12点〕

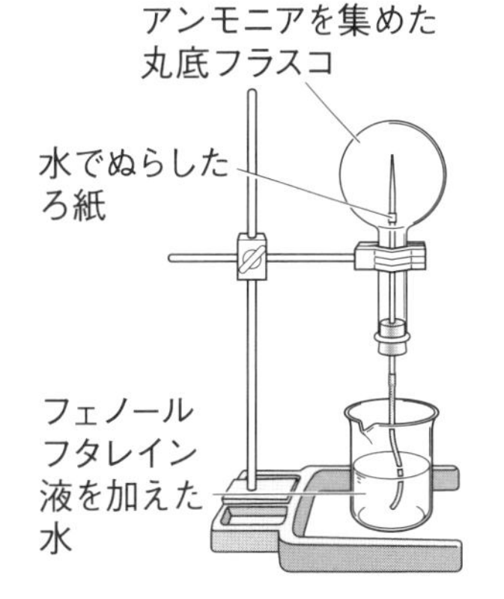

(1) アンモニアを試験管内で発生させるとき，塩化アンモニウムと水酸化ナトリウムを混合したあと，何を加えると発生するか。（　　　　）

(2) 右の図の実験で，フェノールフタレイン液を加えた水は無色から何色に変化するか。（無色→　　　　）

(3) (2)の変化から，アンモニアが水に溶けた水溶液は何性になることがわかるか。（　　　　）

5 右の図は，気体の性質によって適した集め方を選ぶときに考える順を示したものである。これについて，次の問いに答えなさい。 4点×6〔24点〕

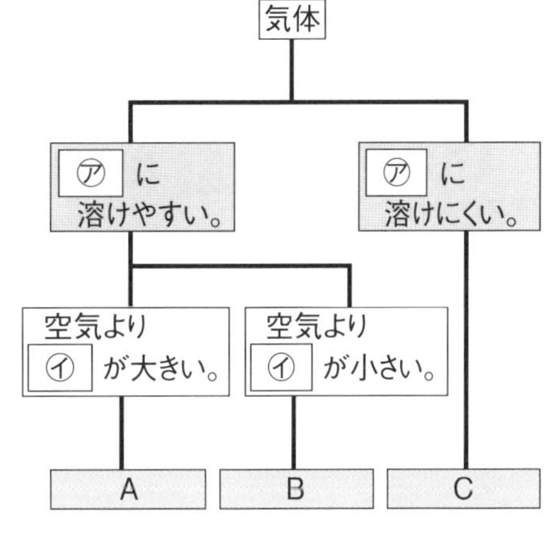

(1) 図の㋐，㋑にあてはまる言葉をそれぞれ書きなさい。

㋐（　　　　）
㋑（　　　　）

(2) 図のA～Cの集め方を，それぞれ何というか。

A（　　　　）
B（　　　　）
C（　　　　）

(3) 図のBの集め方は，次のア～エのどの気体を集めるのに適しているか。記号で答えなさい。（　　）

ア 酸素　**イ** 二酸化炭素　**ウ** 窒素　**エ** アンモニア

3章　物質の状態変化

①**状態変化**
固体⇄液体⇄気体と，物質の状態が温度によって変わること。

②**体積**
もののかさ。物質の状態変化によって変化する。

③**質量**
上皿てんびんや電子てんびんではかることができる物質そのものの量。

④**密度**
一定の体積当たりの物質の質量。単位は g/cm^3。

ミス注意！
質量が変わらずに物質の体積が大きくなると，密度は小さくなる。

テストに出る！ ココが要点　解答 p.6

① 状態変化と質量・体積

教 p.102〜p.109

1 状態変化

(1) (① 　　　　) **固体⇄液体⇄気体**と，物質の状態が温度によって変わること。

2 状態変化と質量・体積

(1) 状態変化と質量・体積　物質が状態変化するとき，(② 　　　　)は変化するが，(③ 　　　　)は変化しない。
ほとんどの物質は，液体より固体の方が密度が<u>大きい</u>。

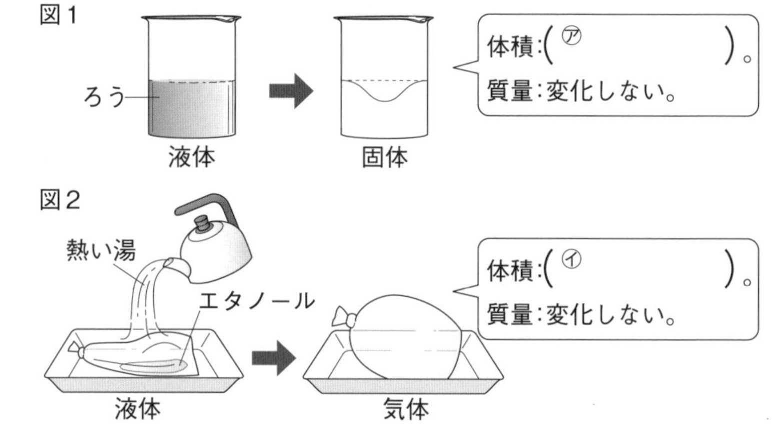

(2) 水の状態変化と質量・体積
水は多くの物質とちがい，液体より固体の方が体積が<u>大きく</u>，(④ 　　　　)が<u>小さい</u>ので，氷を水に入れると，氷は水に<u>浮く</u>。

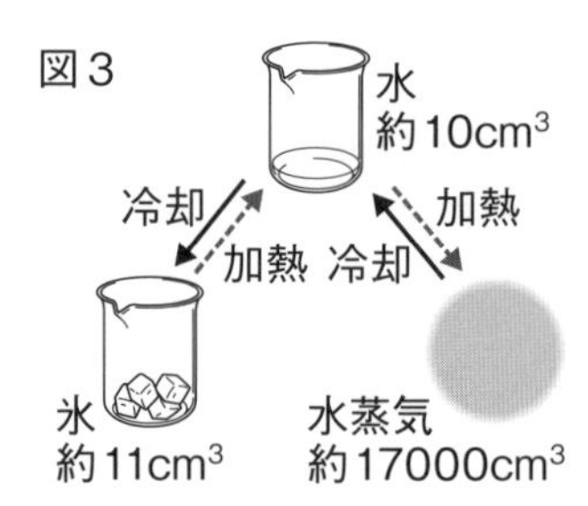

3 状態変化と粒子の運動

(1) 状態変化と粒子のモデル　固体が液体に，液体が気体になると，粒子の運動が激しくなり，粒子どうしの距離が<u>大きく</u>なる。

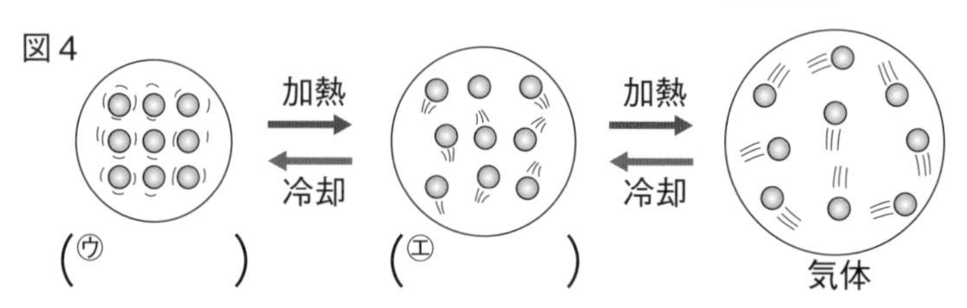

ココが要点の答えになります。

② 状態変化と温度

教 p.110〜p.114

1 沸点と融点

(1) 状態変化と温度　純粋な物質の状態変化が起こっている間は，温度が変わらない。

(2) 純粋な物質の沸点と融点　物質の種類により，決まっている。

● (⑤　　　　　)…液体が沸騰して気体に変化するときの温度。

● (⑥　　　　　)…固体が液体に変化するときの温度。

図5●水の状態変化●

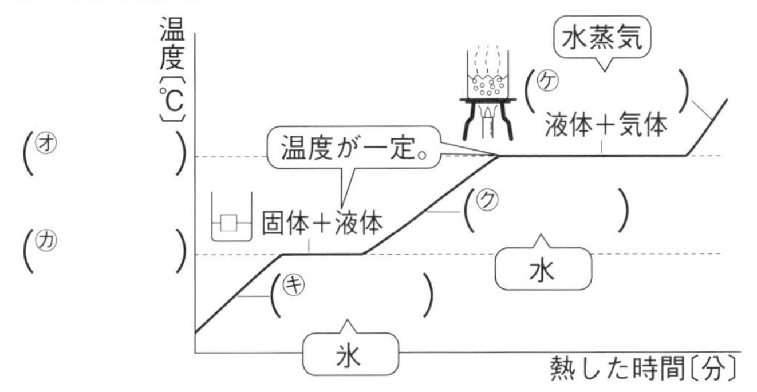

(3) 純粋な物質と混合物

● (⑦　　　　　)…1種類の物質からできているもの。

● (⑧　　　　　)…いろいろな物質が混ざっているもの。
沸点や融点は，決まった温度にならない。

③ 蒸留

教 p.115〜p.117

1 混合物の蒸留

(1) (⑨　　　　　)　液体を沸騰させて気体にし，再び液体にして集める方法。沸点のちがいを利用することで，液体の混合物からそれぞれの物質を分けてとり出すことができる。

図6●赤ワインの蒸留●

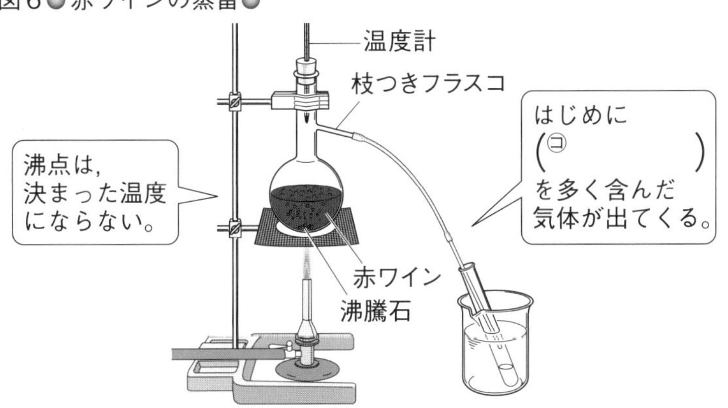

満点★ミッション

⑤沸点
液体が沸騰して気体に変化するときの温度。図5のオ。

⑥融点
固体が液体に変化するときの温度。図5のカ。

⑦純粋な物質
水，エタノールなど，1種類の物質からできているもの。

⑧混合物
いろいろな物質が混ざっているもの。

⑨蒸留
液体を沸騰させて集めた気体を冷やして，再び液体として集める方法。

ポイント
蒸留では，沸点の低い物質から先に気体になって出てくる。

テストに出る！
予想問題　3章　物質の状態変化

30分　/100点

1 下の図のように，固体のろうを加熱して液体のろうをつくり，再び冷やして固体のろうに戻(もど)した。これについて，あとの問いに答えなさい。　4点×7〔28点〕

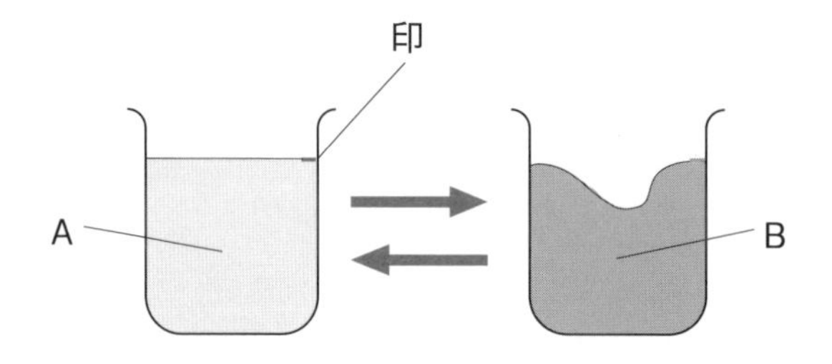

(1) 物質が固体から液体，液体から気体と変化することを何というか。（　　　）
(2) 固体のろうが液体に変化するとき，体積はどのようになるか。（　　　）
(3) 液体のろうが固体に変化するとき，質量はどうなるか。（　　　）
(4) 液体のろうが固体に変化するとき，密度はどのようになるか。（　　　）
(5) 固体のろうを示しているのは，図のA，Bのどちらか。（　　　）
(6) ろうの粒子がより激しく運動しているのは，図のA，Bのどちらか。（　　　）
(7) ろうと同じように水(液体)を冷やして氷(固体)にしたとき，体積はどのようになるか。（　　　）

よく出る **2** 右の図は，氷を加熱したときの温度変化をグラフに示したものである。これについて，次の問いに答えなさい。　4点×9〔36点〕

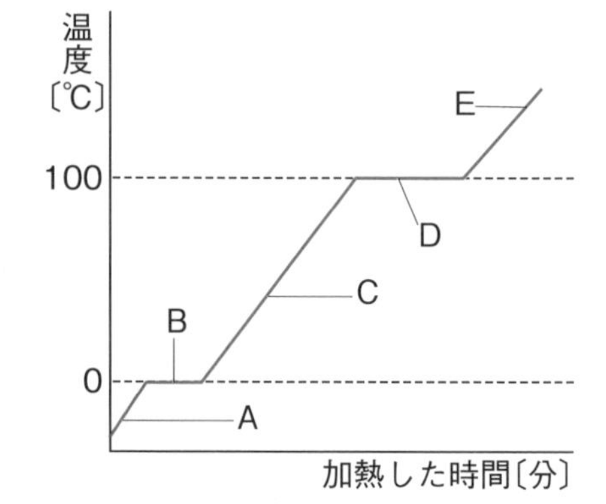

(1) グラフのA〜Eの部分は，どのような状態になっているか。次のア〜オから選びなさい。
A（　　）　B（　　）
C（　　）　D（　　）
E（　　）
ア　固体　　イ　液体　　ウ　気体
エ　固体と液体が混じった状態
オ　液体と気体が混じった状態
(2) 氷が液体の水に変化するときの温度を何というか。また，その温度は何℃か。
名称（　　　）　温度（　　　）
(3) 水が沸騰するときの温度を何というか。また，その温度は何℃か。
名称（　　　）　温度（　　　）

3 右の図は，固体のメントールを加熱したときの温度変化をグラフにしたものである。これについて，次の問いに答えなさい。
4点×5〔20点〕

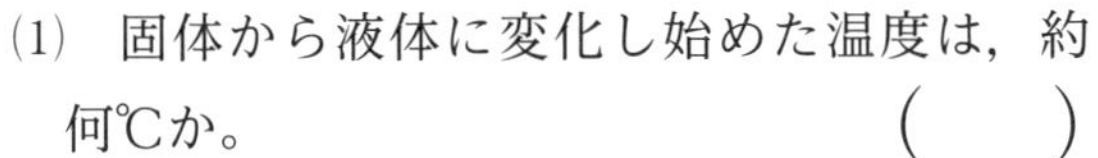

⑴　固体から液体に変化し始めた温度は，約何℃か。　(　　)

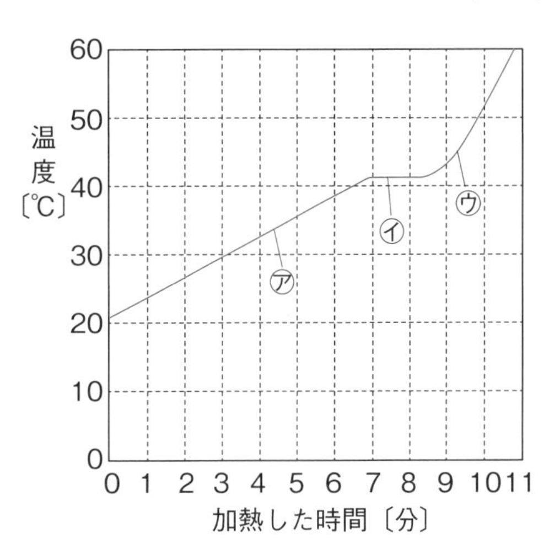

⑵　固体から液体に変化するときの温度を何というか。　(　　　　)

⑶　固体と液体が混じり合っている状態であるのは，㋐〜㋒のどこか。　(　　)

⑷　㋒では，メントールは固体，液体，気体のうち，どの状態か。　(　　　　)

⑸　メントールの量を半分にすると，⑵の温度はどうなるか。
(　　　　　　　　　)

よく出る **4** 下の図1のような装置で，10mLの赤ワインを加熱し，出てきた液体を約1mLずつ試験管㋐，㋑，㋒の順に集め，それぞれの液体の性質を調べた。これについて，あとの問いに答えなさい。
4点×4〔16点〕

図1

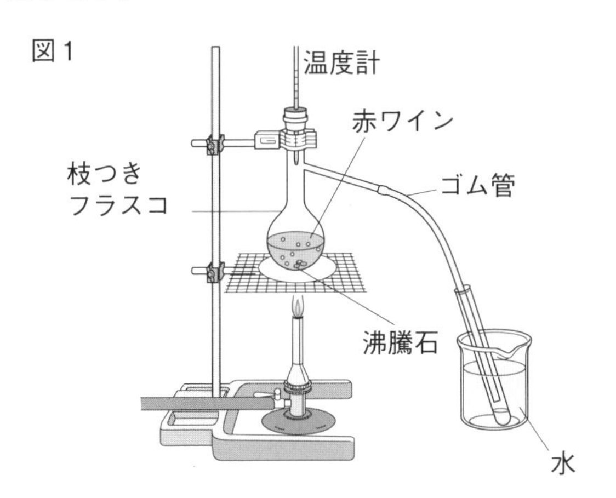

図2

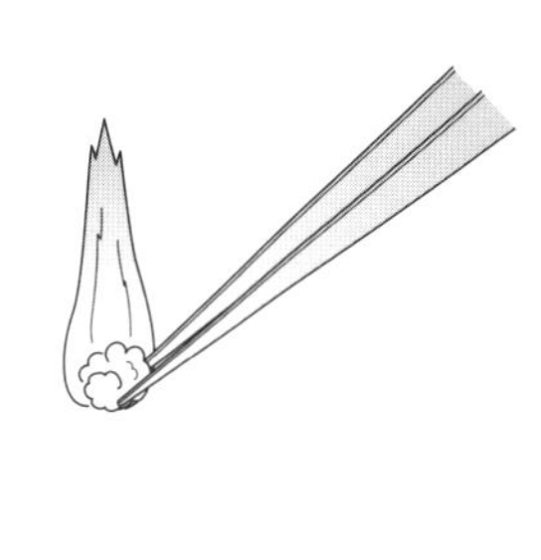

⑴　図2のように，試験管㋐の液体と試験管㋒の液体を脱脂綿（だっしめん）につけ，火をつけたところ，一方の液体だけが燃えた。

①　燃えたのは，試験管㋐，試験管㋒どちらの液体か。記号で答えなさい。　(　　)

②　①の液体が燃えたのは，何が多く含まれているからか。
(　　　　)

⑵　試験管㋐の液体が出てきた温度として適当なものはどれか。次のア〜ウから選びなさい。
(　　)

ア　40℃〜50℃　　**イ**　70℃〜80℃　　**ウ**　90℃以上

⑶　図1のように，液体を熱して沸騰させ，出てくる気体を冷やして再び液体をとり出すことを何というか。　(　　　　)

4章　水溶液

①水溶液（すいようえき）
水に物質が溶けた液体。砂糖水など。

②溶質
液体に溶けている物質。気体や液体の場合もある。図1の食塩。

③溶媒
物質を溶かしている液体。図1の水。

④溶解
物質が溶媒に溶ける現象。

⑤溶液
溶質が溶媒に溶けた液体。

テストに出る！ ココが要点　解答 p.7

① 物質の溶解（ようかい）と粒子

教 p.118～p.121

1 溶解と物質の粒子

(1)物質の溶解

- (① 　　　　)…
  水に物質が溶（と）けた液体。
- (② 　　　　)…
  溶液（ようえき）に溶けている物質。
- (③ 　　　　)…
  溶質（ようしつ）を溶かしている液体。
- (④ 　　　　)…物質が溶媒（ようばい）に溶ける現象。
- (⑤ 　　　　)…溶質が溶媒に溶けた液体。

図1

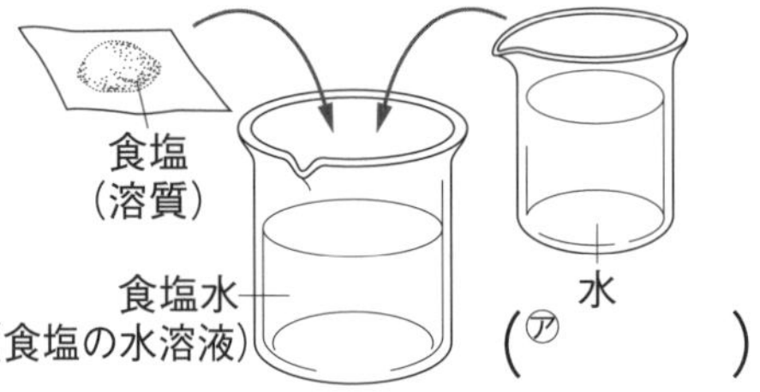

食塩
（溶質）

食塩水
（食塩の水溶液）

水
(㋐ 　　　　)

(2)　物質が水に溶けるモデル　固体が水に溶けると，集まっていた粒子がばらばらになり，全体に均一に広がる。物質が水に溶けても，質量は変化しない。

図2

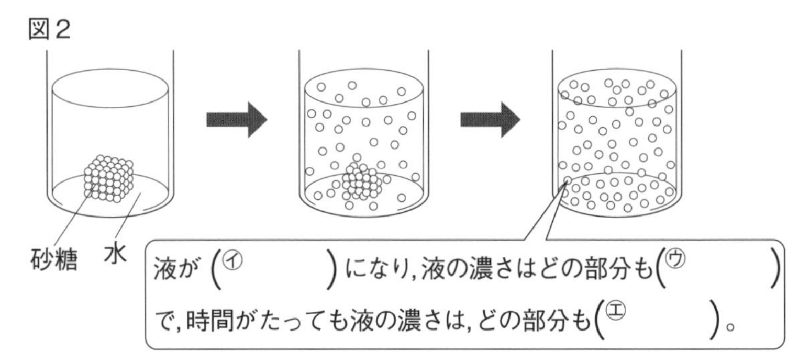

⑥ろ過
図3のように，ろ紙やろうとを用いて液体から物質をとり出す方法。

ポイント
ろ紙は，ろうとにはめたら水でぬらし，ろうとに密着させる。

② 溶解度（ようかいど）と再結晶（さいけっしょう）

教 p.122～p.125

1 ろ過

(1)　(⑥ 　　　　)

ろ紙を用いて，溶け残った物質をとり出す方法。ろ紙の隙間（すきま）より大きなものはろ紙に残る。

図3

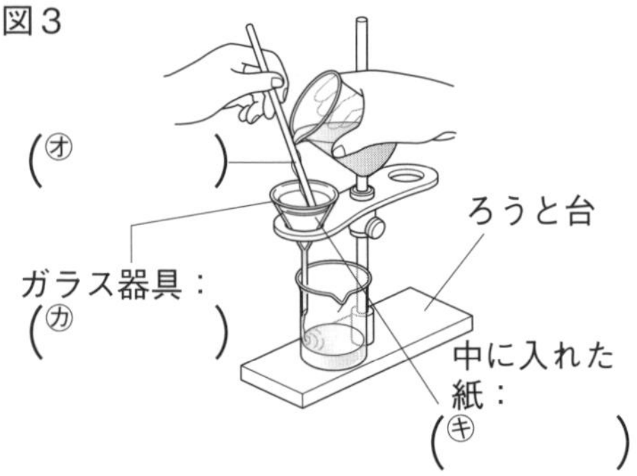

中に入れた紙：
(㋖ 　　　　)

ココが要点の答えになります。

2 溶解度

(1) (⑦　　　　) 一定量の水に溶ける物質の最大の量。ふつう，水100gに溶ける物質の質量で表す。

- (⑧　　　　)…物質が溶解度まで溶けている状態。
- (⑨　　　　)…飽和状態にある水溶液。

3 結晶と再結晶

(1) (⑩　　　　) 規則正しい形の固体。物質によって形が決まっている。

図4 いろいろな結晶

(2) (⑪　　　　) 一度溶媒に溶かした物質を再び結晶としてとり出すこと。

図5 溶解度曲線の読み方

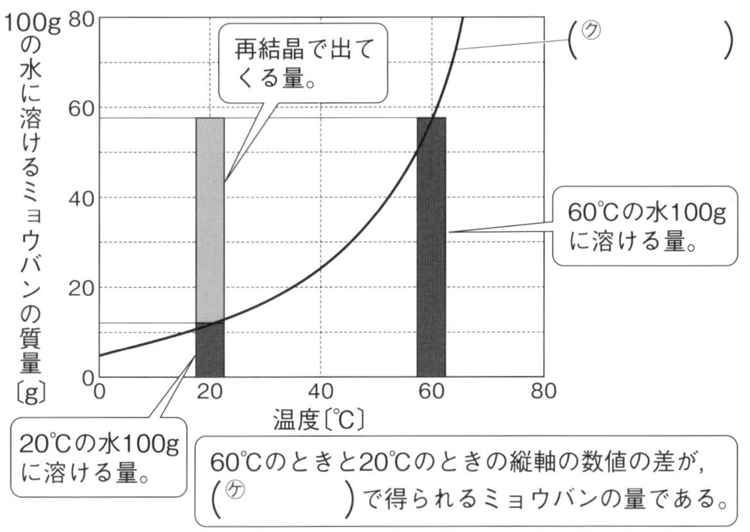

3 水溶液の濃度

教 p.126～p.127

1 水溶液に溶けている物質の量

(1) 水溶液の濃度　水溶液の質量に対する溶質の質量の割合。

(2) (⑫　　　　　　) 水溶液の質量に対する溶質の質量の割合を百分率(%)で表したもの。

$$\text{質量パーセント濃度〔\%〕} = \frac{\text{溶質の質量〔g〕}}{\text{水溶液の質量〔g〕}} \times 100$$

$$= \frac{\text{溶質の質量〔g〕}}{\text{水(溶媒)の質量〔g〕} + \text{溶質の質量〔g〕}} \times 100$$

満点ミッション

⑦溶解度
一定量(100g)の水に溶ける物質の最大の質量。

⑧飽和
物質が溶解度まで溶けている状態。

⑨飽和水溶液
物質が溶解度まで溶けている水溶液。

⑩結晶
図4のような，規則正しい形の固体。

⑪再結晶
一度溶媒に溶かした物質を再び結晶としてとり出すこと。温度による溶解度の差を利用する方法などがある。

ミス注意！
食塩のように，温度による溶解度の差が小さい物質は，水溶液の温度を下げて結晶をとり出すことが難しい。

⑫質量パーセント濃度
水溶液中の溶質の質量の割合を表すもの。

テストに出る！

予想問題　4章　水溶液

⏲30分　/100点

1 右の図１のように，少量の硫酸銅を水に入れ，ふたをして放置したところ，30日後には完全に溶けた。これについて，次の問いに答えなさい。　4点×6〔24点〕

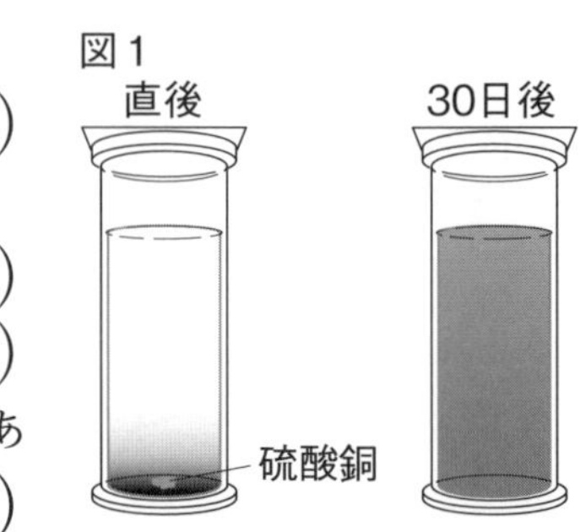

(1)　水に物質が溶けた液体を何というか。　(　　　　)

(2)　30日後，硫酸銅が完全に溶けた液体は，何色か。　(　　　　)

(3)　(2)の液体は，透明か，不透明か。　(　　　　)

(4)　(2)の液体の上の方と下の方とでは，色の濃さにちがいがあるか。　(　　　　)

作図 (5)　水に入れた直後の硫酸銅の粒子を右の図２の㋐のようなモデルで表したとき，(2)の硫酸銅の粒子はどのように表せるか。図２の㋑に表しなさい。

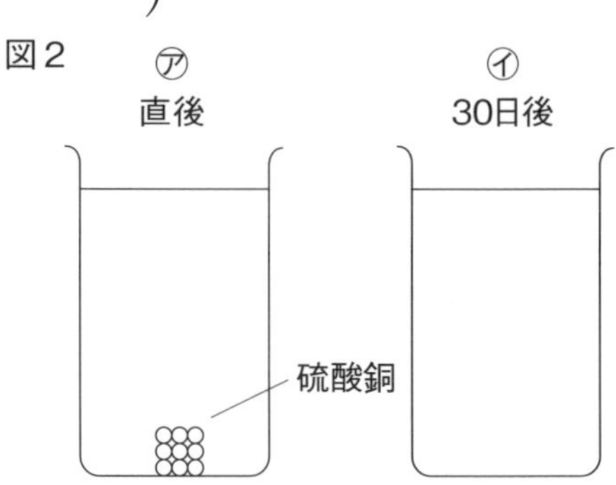

(6)　(2)の液体をさらに数日間放置すると，液体の色の濃さはどうなっているか。次のア～ウから選びなさい。　(　　)

ア　下の方が濃くなっている。

イ　全体が均一になっている。

ウ　上の方が濃くなっている。

よく出る **2** 右の図のように，100gの水に25gの食塩を入れてよくかき混ぜたら，食塩はすべて溶けた。これについて，次の問いに答えなさい。　4点×6〔24点〕

(1)　この溶液の溶媒は何か。　(　　　　)

(2)　溶液，溶媒，溶質の質量の関係を正しく表しているのはどれか。次のア～ウから選びなさい。　(　　)

ア　溶媒の質量＝溶液の質量＋溶質の質量

イ　溶液の質量＝溶媒の質量＋溶質の質量

ウ　溶質の質量＝溶媒の質量－溶液の質量

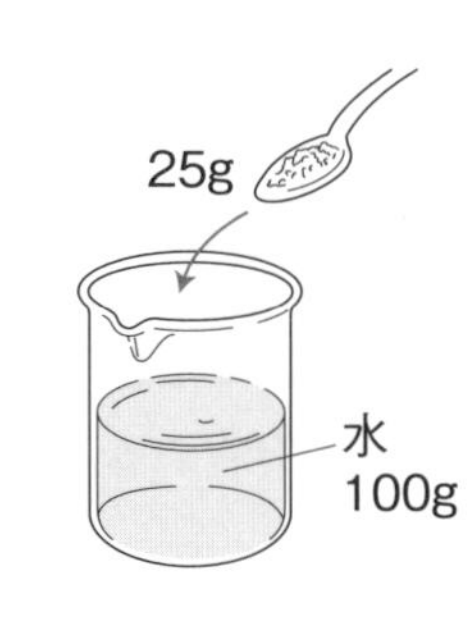

(3)　この食塩水全体の質量は何gか。　(　　　　)

(4)　この食塩水の質量パーセント濃度は何％か。　(　　　　)

(5)　この食塩水50g中には，食塩が何g溶けているか。　(　　　　)

(6)　この食塩水に水を加えて質量パーセント濃度を10％にするには，何gの水を加えるとよいか。　(　　　　)

よく出る **3** 右のグラフは，４つの物質が100gの水に溶ける限度の量と温度の関係を表したものである。これについて，次の問いに答えなさい。 4点×8〔32点〕

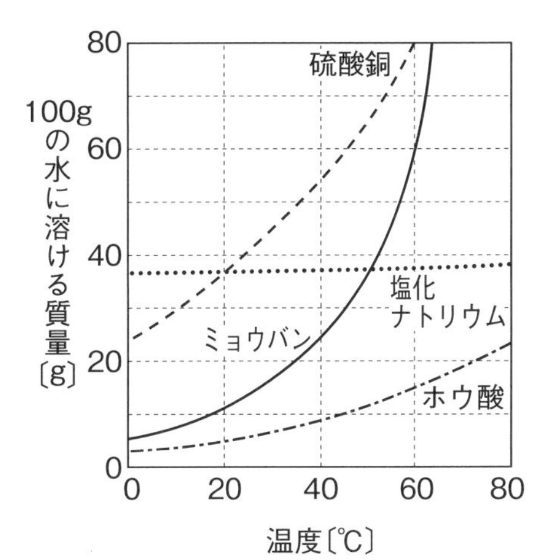

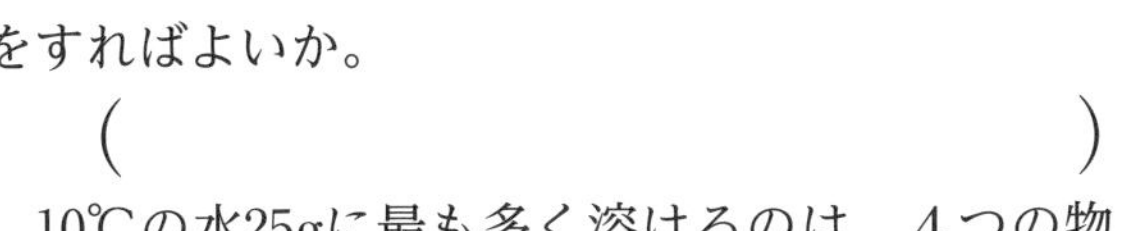

(1) 50gの水により多くのホウ酸を溶かすには，何をすればよいか。 (　　　　　　　　)

(2) 10℃の水25gに最も多く溶けるのは，４つの物質のうちどれか。 (　　　　　)

(3) 60℃の水25gに，硫酸銅は最大約何gまで溶けるか。 (　　　　　)

(4) 一定量の水に溶ける物質の最大の量を何というか。 (　　　　　)

(5) 物質が(4)の状態まで溶けている水溶液を何というか。 (　　　　　　　)

(6) 温度が変わっても(4)の量があまり変化しないのは，４つの物質のうちどれか。 (　　　　　)

(7) ２つのビーカーに60℃の水を100gずつ入れて，ミョウバンと塩化ナトリウムをそれぞれ溶けるだけ溶かした。その後，それぞれの水温を20℃まで下げたとき，水溶液中により多くの結晶が現れるのはどちらか。 (　　　　　)

(8) (7)のようにして，一度水に溶かした物質を再び結晶としてとり出すことを何というか。 (　　　　　)

よく出る **4** ビーカーに40℃の水100gと硝酸カリウム80gを入れて，よくかき混ぜたところ，溶け残りが出た。右の表は，100gの水に溶ける硝酸カリウムの質量を表している。これについて，次の問いに答えなさい。 5点×4〔20点〕

(1) できた溶液には，何gの硝酸カリウムが溶けているか。 (　　　　　)

表　100gの水に溶ける硝酸カリウムの質量

温度〔℃〕	0	20	40	60	80
溶解度〔g〕	13.3	31.6	63.9	109.2	168.8

(2) ろ過の方法を正しく示しているのはどれか。次の㋐～㋓から選びなさい。 (　　)

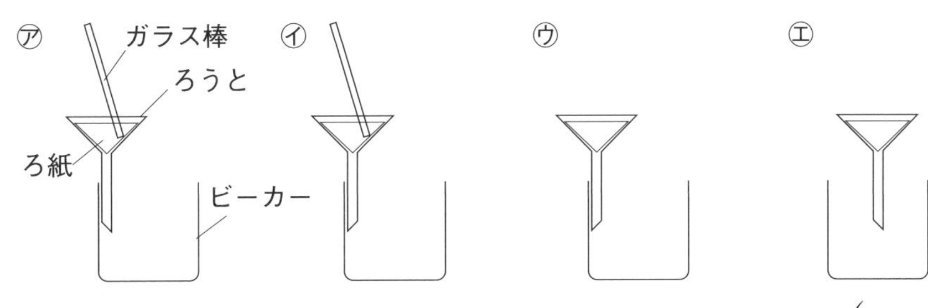

(3) 硝酸カリウムの溶け残りは何gか。 (　　　　　)

(4) できた溶液をろ過して得られたろ液の温度を20℃に冷やしたところ，硝酸カリウムの結晶が出てきた。出てきた結晶は何gか。 (　　　　　)

1章　光の性質

①光源（こうげん）
自ら光を出すもの。
②光の直進
光が真っすぐに進むこと。
③入射角
図1の㋐。
④反射角
図1の㋑。
⑤像
鏡に映った物体。
⑥乱反射
物体の表面に細かい凸凹によって，光がさまざまな方向に反射すること。

ミス注意！
入射角，反射角は，「光」と「鏡に垂直な線」がつくる角で，「光」と「鏡」がつくる角ではない。

⑦屈折角
図2の㋒。
⑧全反射
光が，ガラスや水から空気中に出ていくとき，入射角がある一定の角度以上に大きくなると，境界面ですべての光が反射すること。

テストに出る！ ココが要点　解答 p.8

① ものの見え方と光（ひかり）の反射（はんしゃ）

教 p.140～p.147

1 ものの見え方

(1)　(①　　　　)　自ら光を出すもの。　例太陽，電灯
(2)　(②　　　　)　光が真っすぐに進むこと。

2 光の反射

(1)　光の反射　光が物体に当たってはね返ること。
● (③　　　　)…入射光と光が反射する面に垂直な線との間の角。
● (④　　　　)…反射光と光が反射する面に垂直な線との間の角。
(2)　反射の法則　入射角（にゅうしゃかく）と反射角（はんしゃかく）の大きさは等しい。

図1
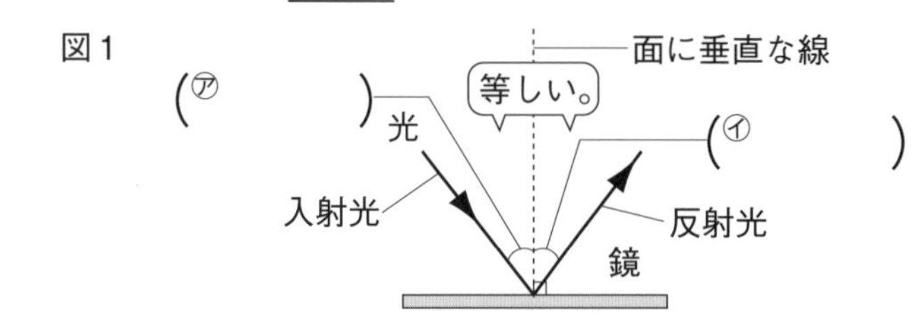

(3)　(⑤　　　　)　鏡に映った物体。
(4)　(⑥　　　　)　凸凹（でこぼこ）した面で，光がいろいろな方向に反射すること。

② 光（ひかり）の屈折（くっせつ）

教 p.148～p.152

1 光の屈折

(1)　(⑦　　　　)　物質の境界面に垂直な線と屈折光との間にできる角。

図2
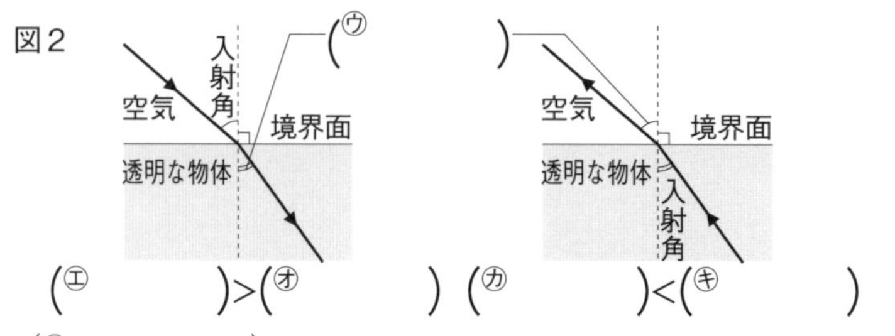

(2)　(⑧　　　　)　光が屈折せず，境界面ですべて反射する現象。入射角を大きくしていき，屈折角が90°になると起こる。

③ 凸(とつ)レンズのはたらき，光と色

教 p.153～p.161

1 凸レンズのしくみ

(1) 凸レンズ　中央が厚く膨(ふく)らんだレンズ。

● (⑨　　　　　)…凸レンズの光軸に平行に入った光が集まる点。
● (⑩　　　　　)…凸レンズの中心から焦点(しょうてん)までの距離(きょり)。

(2) 凸レンズを通る光の進み方

図3 ● 凸レンズのしくみ ●

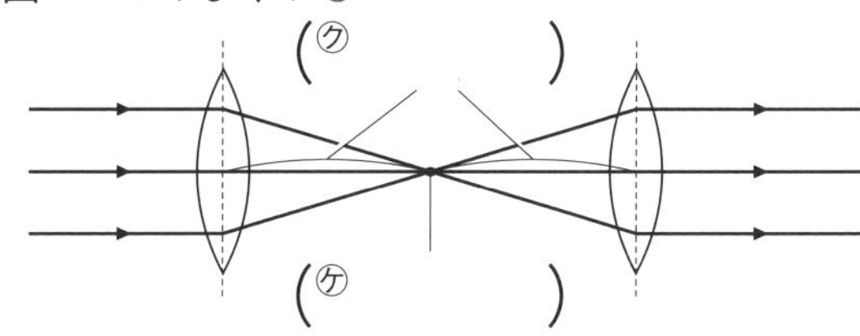

2 凸レンズによってできる像(ぞう)

(1) (⑪　　　　　)　物体が凸レンズの焦点より遠くにあるとき，凸レンズを通った光が１点に集まってスクリーン上にできる像。もとの物体と上下左右は逆向きになる。

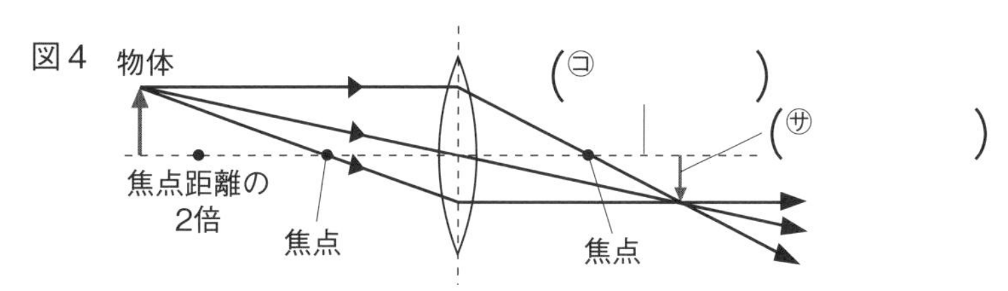

物体の位置	像の位置	像の大きさ
焦点距離の２倍より遠い	焦点距離の２倍より近い	物体より (シ　　　)
焦点距離の２倍	焦点距離の (ス　　　)	物体と (セ　　　) 大きさ
焦点	像はできない	像はできない

(2) (⑫　　　　　)　物体が凸レンズの焦点より近い位置にあるとき，凸レンズを通して物体を見ると見える像。もとの物体と向きは変わらない。

図5

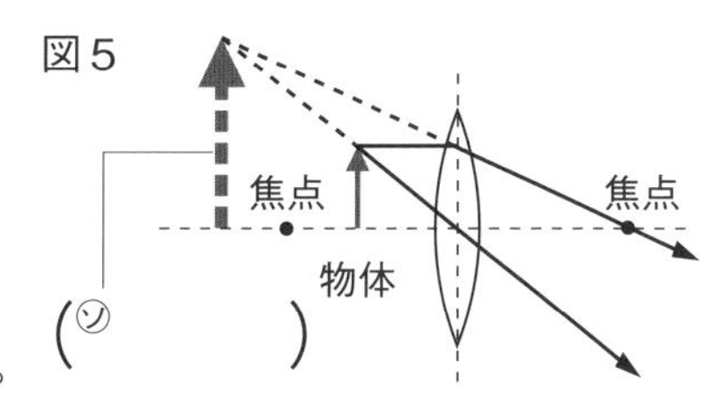

3 光と色

(1) (⑬　　　　　)　白色光や色のついた光など，目に見える光。

(2) 物体の色　物体に白色光が当たると，ある色の光を反射して，色が見える。

満点★ミッション

⑨**焦点**
図３のケ。光軸に平行な光が，凸レンズを通ったあとに集まる点。凸レンズの両側に１か所ずつある。

⑩**焦点距離(しょうてんきょり)**
図３のク。凸レンズの中心から焦点までの距離。

⑪**実像(じつぞう)**
図４のサ。凸レンズを通った光が集まって，スクリーンに映る像。

ポイント
物体が焦点に近づくほど，像ができる位置は遠くなり，像は大きくなる。

⑫**虚像(きょぞう)**
図５のソ。実際に光が集まってできる像ではなく，凸レンズをのぞいたときに見える像。

⑬**可視光線(かしこうせん)**
目に見える光。

テストに出る！

予想問題　1章　光の性質－①

30分　/100点

よく出る　1　いろいろな光の進み方について，次の問いに答えなさい。　6点×4〔24点〕

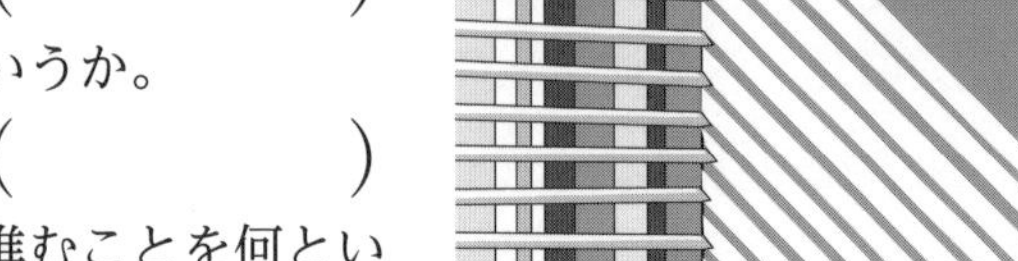

(1) 右の図のように，光が進むことを何というか。
(　　　　　)

(2) 光が物質に当たってはね返ることを何というか。
(　　　　　)

(3) 光が異なる物質の境界面で折れ曲がって進むことを何というか。
(　　　　　)

(4) 光の進み方を正しく表しているものはどれか。次の㋐～㋓からすべて選びなさい。
(　　　　　)

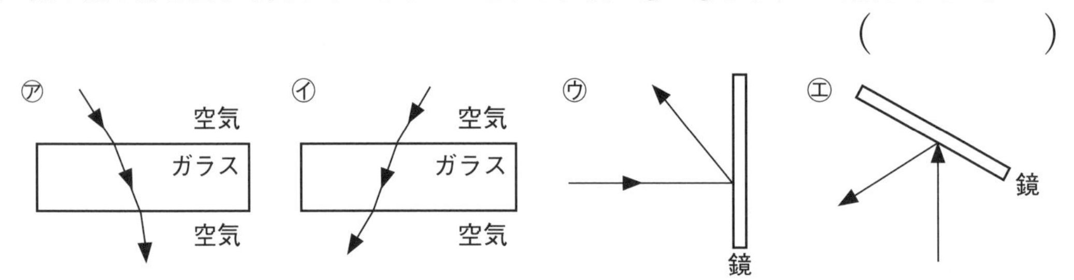

2　右の図は，水中と空気中を進む光の道筋を示したものである。これについて，次の問いに答えなさい。　6点×6〔36点〕

(1) 図1，図2の㋐～㋓で，入射角を示しているのはどれか。それぞれ記号で答えなさい。
図1(　　)
図2(　　)

図1

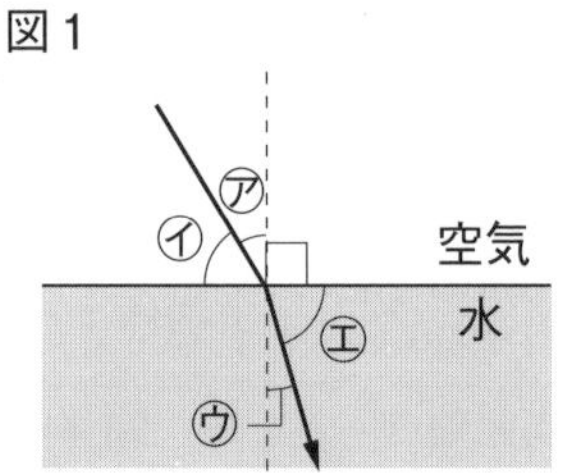

図2

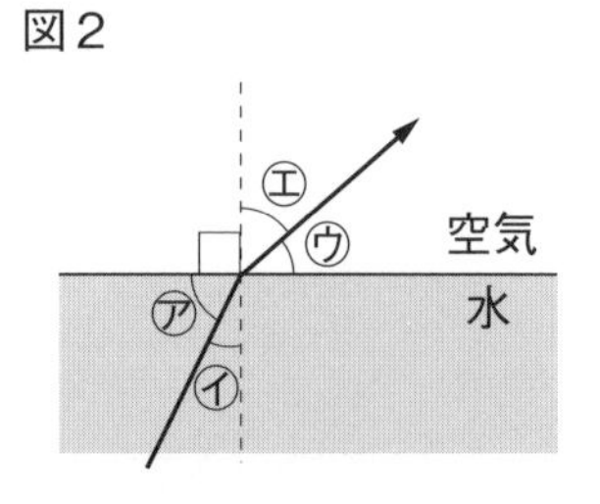

(2) 図1，図2の入射角と屈折角の関係を正しく示しているものはどれか。次のア～ウからそれぞれ選びなさい。
図1(　　)　図2(　　)

ア　入射角＝屈折角　　**イ**　入射角＞屈折角　　**ウ**　入射角＜屈折角

(3) 全反射が起こる場合を正しく説明しているものを，次の**ア**～**エ**から選びなさい。
(　　)

ア　図1で入射角が一定以上大きくなったとき　　**イ**　図1で入射角が小さくなったとき
ウ　図2で入射角が一定以上大きくなったとき　　**エ**　図2で入射角が小さくなったとき

(4) 次の**ア**～**エ**は，身近なもので観察できる光の現象である。全反射によるものはどれか。**ア**～**エ**から選びなさい。
(　　)

ア　自動車のバックミラー　　**イ**　ブラインドを通った日光
ウ　光源装置　　**エ**　水槽の側面に映る金魚

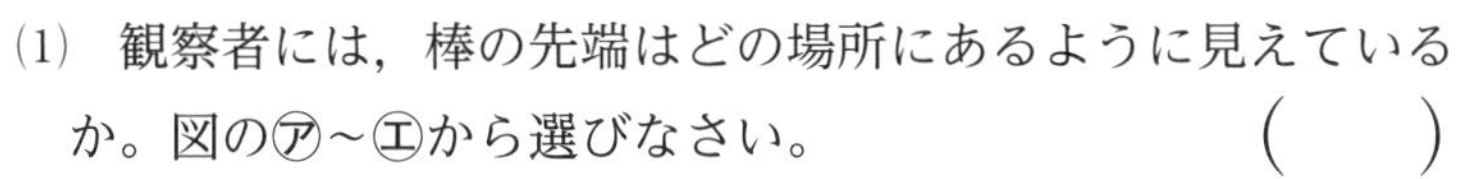

3 右の図は，水中に差しこんだ棒の見え方を説明するためのものである。矢印は，棒の先端から出た光が，水と空気との境界面で屈折し，観察者の目に進む道筋を示している。これについて，次の問いに答えなさい。 5点×2〔10点〕

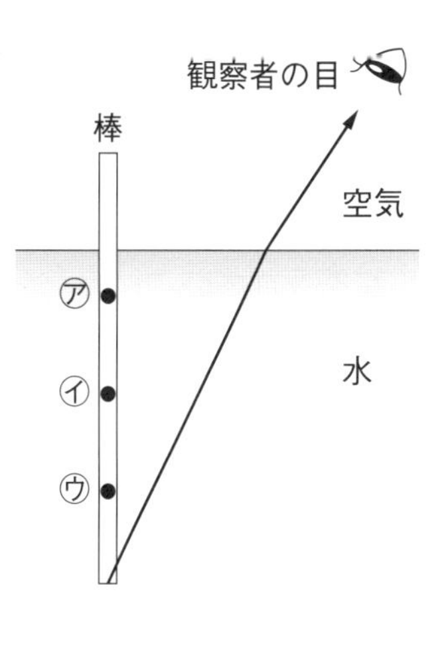

(1) 観察者には，棒の先端はどの場所にあるように見えているか。図の㋐～㋓から選びなさい。 (　　)

(2) 観察者が水中の棒を見たとき，実際の棒の長さと比べてどのように見えるか。次の**ア**～**ウ**から選びなさい。 (　　)

ア 実際の棒よりも長く見える。
イ 実際の棒よりも短く見える。
ウ 実際の棒と同じ長さに見える。

4 下の図のようにして，物体と凸レンズ，スクリーンを使って，像のでき方を調べた。これについて，あとの問いに答えなさい。 6点×5〔30点〕

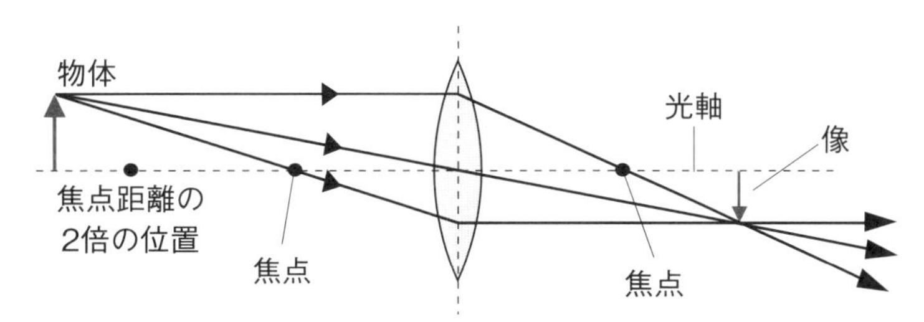

(1) 次の文は，凸レンズに光を当てたときの光の進み方について説明したものである。(　)にあてはまる言葉を書きなさい。
①(　　　　　) ②(　　　　　)

> 光軸に平行に進む光は，レンズを通過後(　①　)を通る。凸レンズの中心を通る光は，(　②　)する。

(2) 図のように，実際に光が集まってできる像を何というか。 (　　　　　)

(3) 図の物体を焦点距離の2倍の位置に置いた。このとき，像のできる位置と像の大きさは上の図の物体の位置のときと比べてどのようになるか。次の**ア**～**エ**から選びなさい。 (　　)

ア 凸レンズから遠ざかり，像は小さくなる。 **イ** 凸レンズに近づき，像は小さくなる。
ウ 凸レンズから遠ざかり，像は大きくなる。 **エ** 凸レンズに近づき，像は大きくなる。

(4) 図の物体をさらに動かして焦点より凸レンズに近い位置に置き，凸レンズを通して物体を見ると，像が見えた。どのような像が見えるか。次の**ア**～**エ**から選びなさい。 (　　)

ア 物体より大きく，上下左右が逆の像 **イ** 物体より大きく，上下左右が同じ像
ウ 物体より小さく，上下左右が逆の像 **エ** 物体より小さく，上下左右が同じ像

テストに出る！

予想問題　1章　光の性質－②

30分　/100点

よく出る **1** 右の図は，鏡に光を当てたときの光の道筋を表したものである。これについて，次の問いに答えなさい。　5点×6〔30点〕

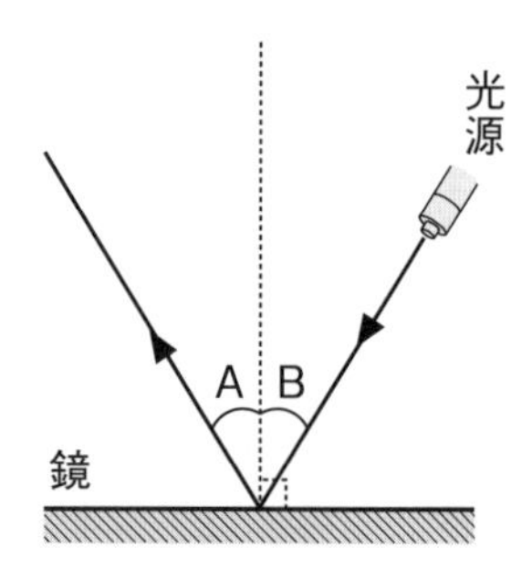

(1) 図のように，物体の表面に当たった光がはね返ることを何というか。（　　　）

(2) 図で，A，Bの角をそれぞれ何というか。
A（　　　）　B（　　　）

(3) 図のA，Bの角の大きさの関係を正しく示したものはどれか。次のア～ウから選びなさい。（　　）
ア　A＝B　　イ　A＞B　　ウ　A＜B

(4) 図のA，Bの角が(3)のような関係になることを何というか。
（　　　）

(5) 表面が滑(なめ)らかな鏡に対し，表面に細かい凸凹がある物体に当たった光は，さまざまな方向にはね返る。これを何というか。（　　　）

2 下の図は，半円形レンズに光を当てたときの光の道筋を示したものである。これについて，あとの問いに答えなさい。　5点×5〔25点〕

図１
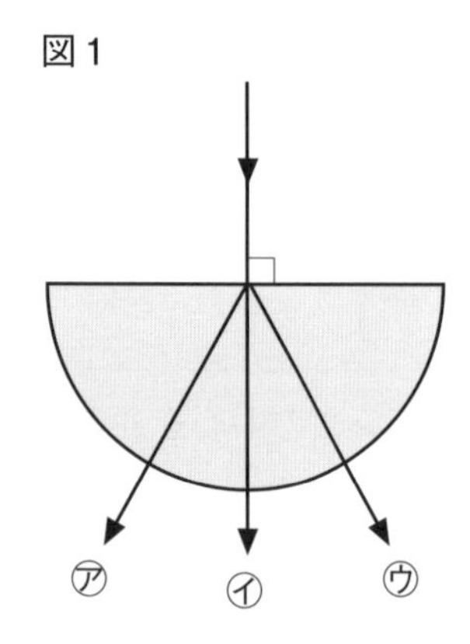

図２
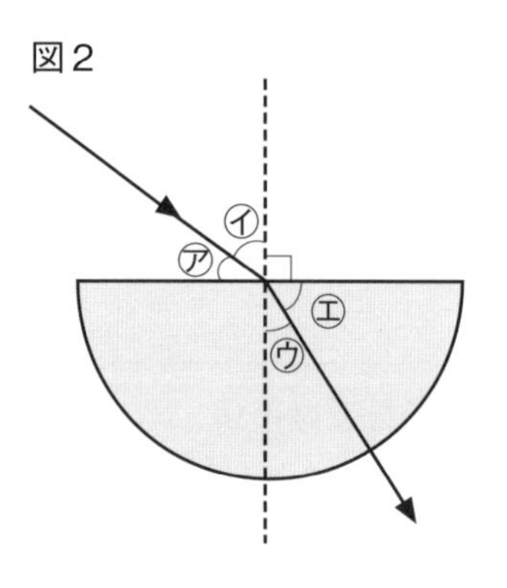

図３
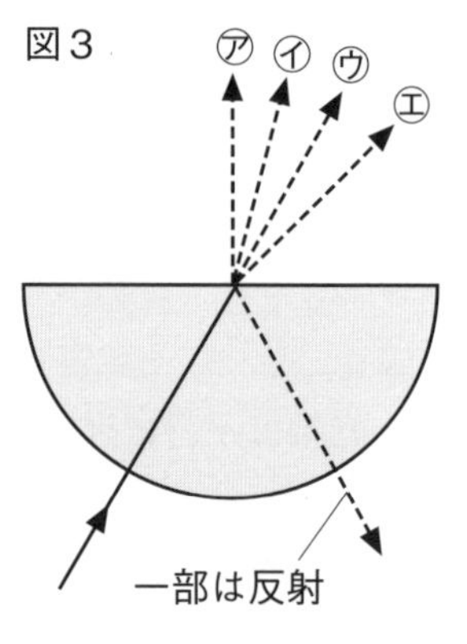

(1) 図１のように，半円形レンズに当たった光はどのように進むか。図１の㋐～㋒から選びなさい。（　　）

(2) 図２で，入射角，屈折角を示しているのはどれか。㋐～㋓からそれぞれ選びなさい
入射角（　　）
屈折角（　　）

(3) 図３で，半円形レンズから出た光はどのように進むか。㋐～㋓から選びなさい。
（　　）

(4) 入射角を大きくしていったとき，全反射が見られるのは，図２と図３のどちらか。
（　　　）

よく出る **3** 凸レンズによってできる像を調べるため，下の図のような実験装置をつくった。これについて，あとの問いに答えなさい。 5点×6〔30点〕

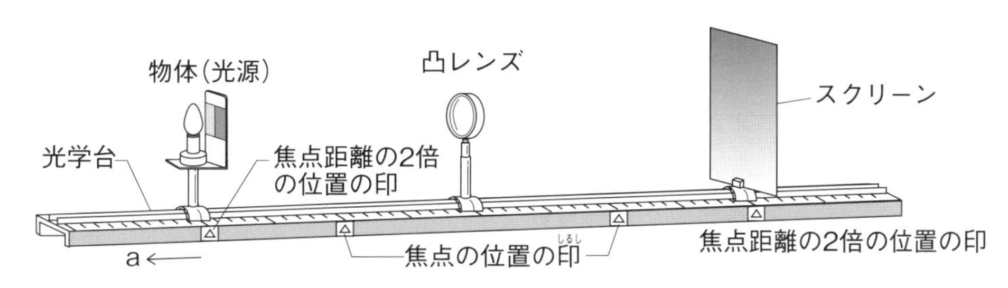

(1) 図でスクリーンにはっきりと映る像を何というか。 (　　　　)

(2) (1)のような像が見えるのは，物体がどのような位置にあるときか。
(　　　　　　　　　　)

(3) 図でスクリーンに映る像の大きさは，物体と比べてどうであるか。 (　　　　)

(4) 図でスクリーンに映る像の向きは，物体と比べてどうなっているか。次のア～エから選びなさい。 (　　)

ア　上下左右が逆　　　イ　上下左右が同じ向き

ウ　上下は同じで左右が逆　　　エ　上下が逆で左右は同じ

(5) 物体を図のaの向きに動かすと，像の大きさはどうなるか。 (　　　　)

(6) (5)のとき，スクリーンの位置はどうなるか。次のア～ウから選びなさい。 (　　)

ア　凸レンズに近づく。　　イ　変わらない。　　ウ　凸レンズから遠ざかる。

4 物体と凸レンズ，スクリーンを使って，像のでき方を調べた。これについて，次の問いに答えなさい。 5点×3〔15点〕

作図 (1) 物体を図1の位置に置いた場合にできる像を作図しなさい。ただし，作図に用いた補助線も消さずに残しておくこと。

作図 (2) 物体を図2の位置に置いた場合にできる像を作図しなさい。ただし，作図に用いた補助線も消さずに残しておくこと。

(3) (2)のように見える像を何というか。 (　　　　)

図1

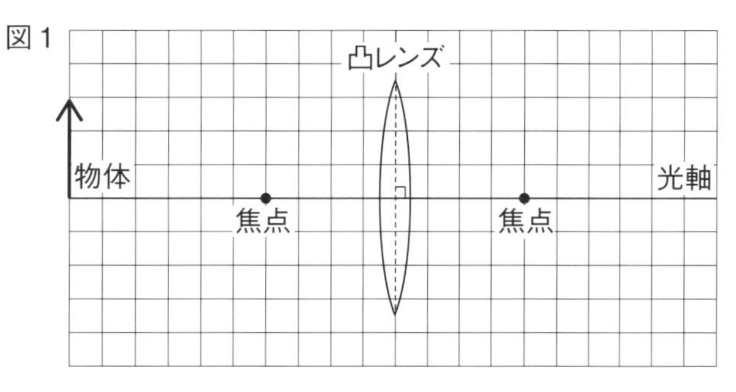

図2

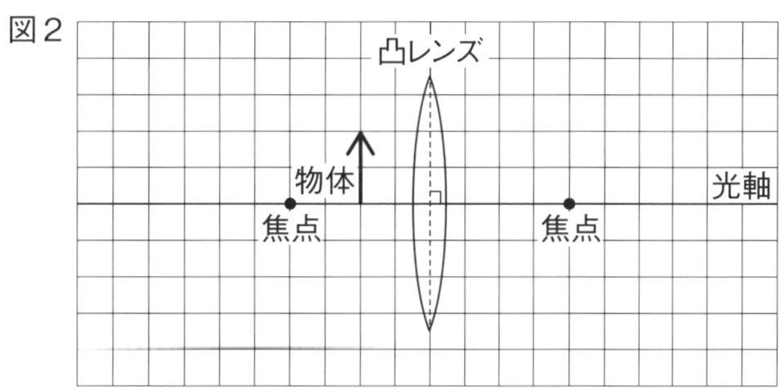

2章　音の性質

①音源（おんげん）
振動して音を出している物体。

②振動（しんどう）
物体が震（ふる）えること。

ポイント
図2の装置の空気をぬいていくと，音を伝える物体がなくなり，音が聞こえなくなる。

光の速さは約30万km/sで一瞬（いっしゅん）で伝わるけど，音は空気中を伝わるのに時間がかかるよ。

③オシロスコープ
振動のようすを波形で表示する装置。

テストに出る！ ココが要点　解答 p.10

① 音の発生と伝わり方　教 p.162～p.165

1 音の伝わり方

(1) (①　　　　) 音を発している物体。音を発しているものは，(②　　　　)している。

図1
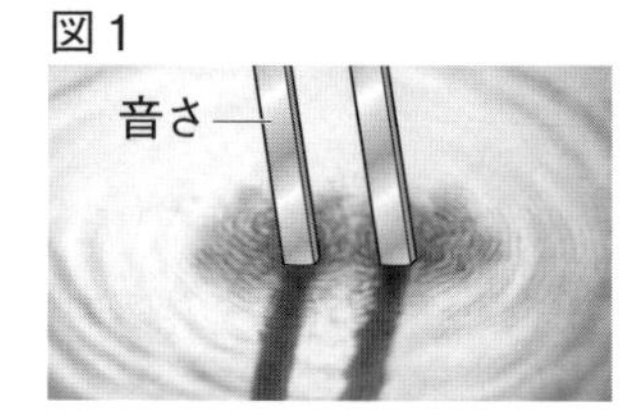

(2) 音を伝えるもの　音は，気体，液体，固体など，あらゆる物質の中を伝わる。音は，伝える物体がないと伝わらない。

図2
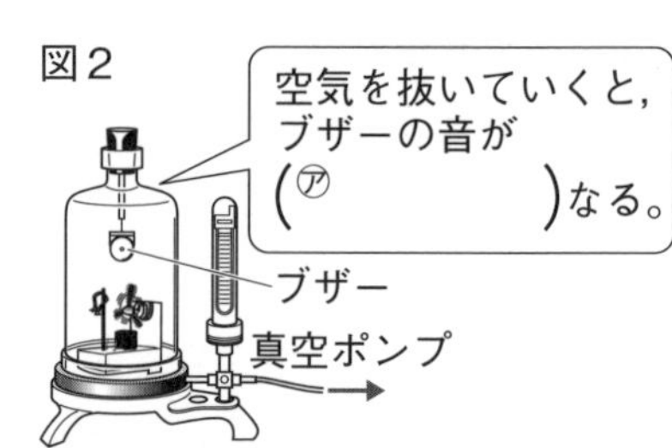

(3) 音の伝わり方　音は，空気の濃（こ）いところとうすいところが波となって伝わる。液体や固体の中も，音は波となって伝わる。

図3 ● 音の振動（しんどう）の伝わり方 ●
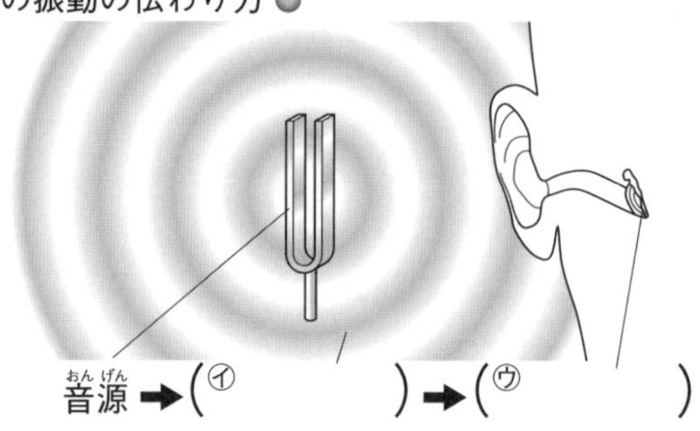
音源（おんげん）→(㋑　　　　)→(㋒　　　　)

(4) 音の伝わる速さ　空気中では約340m/s。一般に，空気よりも，液体や固体のほうが伝わる速さが速い。

② 音の大きさや高さ　教 p.166～p.171

1 音の大きさと高さ

(1) 音を調べる

- モノコード…弦（げん）の長さや弦を張る強さ，太さを変えて，音の高さなどを変えることができる器具。
- (③　　　　　　)…音の大きさや高さを波形にして表示できる装置。

ココが要点の答えになります。

(2) 音の大きさ　モノコードの弦を強くはじくと，音は**大きく**なる。

● (④　　　　　)…音の振動の振れ幅。大きいほど音は**大きい**。

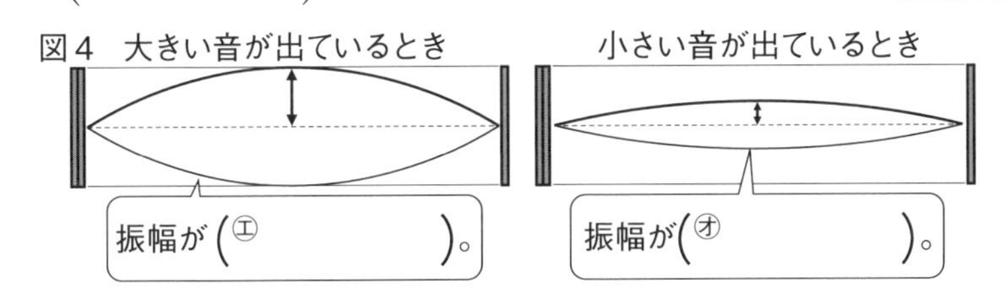

(3) 音の高さ　モノコードの弦を短くしたり，細くしたり，張る力を強くすると，音は**高く**なる。

● (⑤　　　　　)…音源が1秒間に**振動**する回数。**周波数**(しゅうはすう)ともいう。単位は（⑥　　　　　）(記号Hz)。大きいほど音は**高い**。

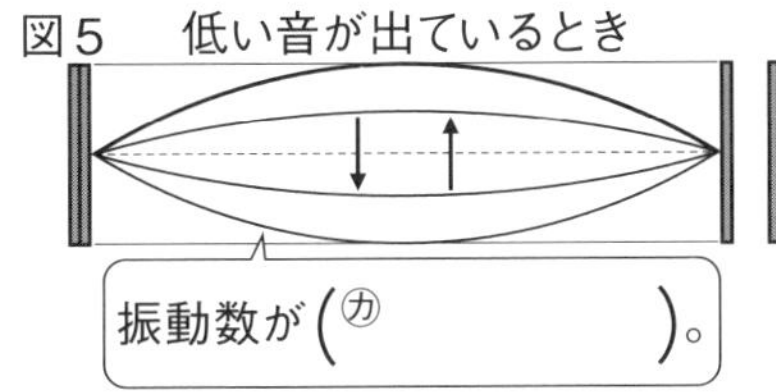

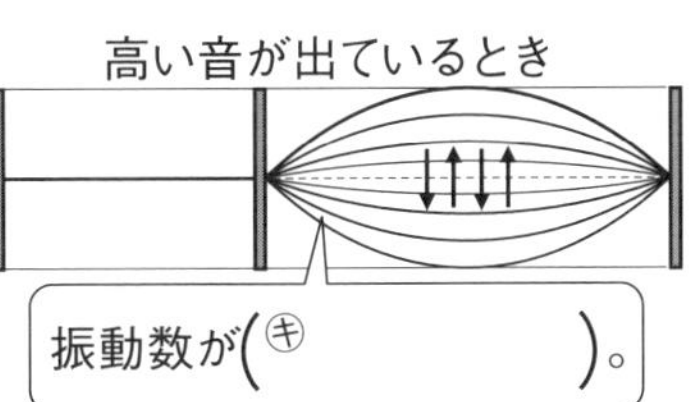

2 音の波形

(1) オシロスコープやコンピュータを使うと，音を**波形**で表すことができる。

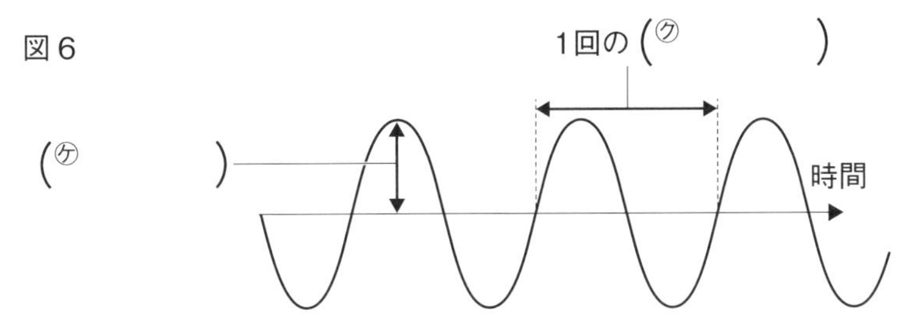

(2) 音の大きさや高さなどによって，音の波形は変化する。

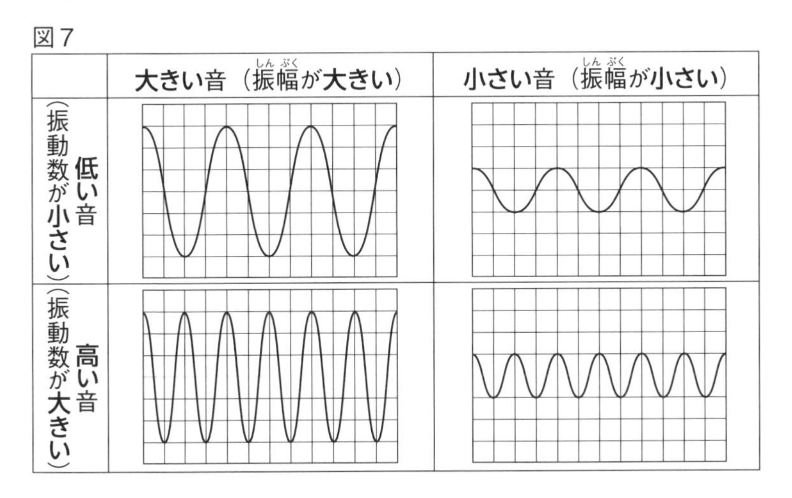

満点ミッション

④振幅
図6の㋘。音の振動の振れ幅。

⑤振動数
音源が1秒間に振動する回数。周波数ともいう。

⑥ヘルツ
振動数の単位。記号はHz。

ポイント
弦の長さを短くすると，振動数が大きくなり，音が高くなる。

ポイント
オシロスコープで，画面の波の数が多いほど高い音，波形の山や谷が大きいほど大きい音である。

解答 p.10

テストに出る!
予想問題 2章 音の性質

🕒30分

/100点

1 右の図1のように，同じ高さの音が出るA，Bの音さを並べ，Aの音さをたたいて鳴らしたところ，Bの音さが鳴った。次に，図2のように，A，Bの音さの間に板を置き，Aの音さをたたいて音を鳴らした。これについて，次の問いに答えなさい。 5点×3〔15点〕

図1　図2

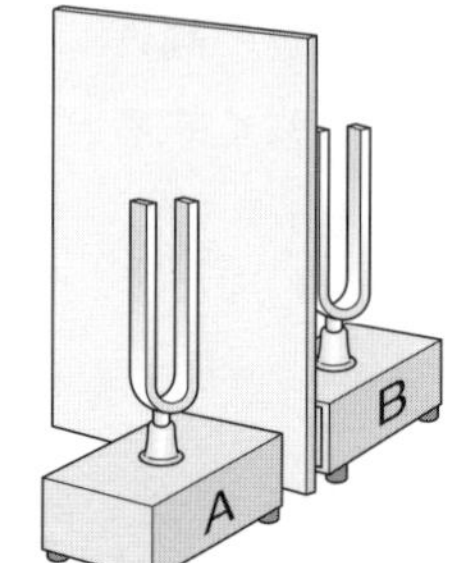

(1) 図1で，音が出ている音さの振動を止めると音はどうなるか。

(2) 図2で，Aの音さをたたいて鳴らすと，Bの音さの音は図1のときと比べてどうなるか。次のア～ウから選びなさい。 (　)

ア　大きくなる。

イ　変わらない。

ウ　小さくなる。

(3) 図1，2の結果から，音は何によって伝わることがわかるか。 (　　　　)

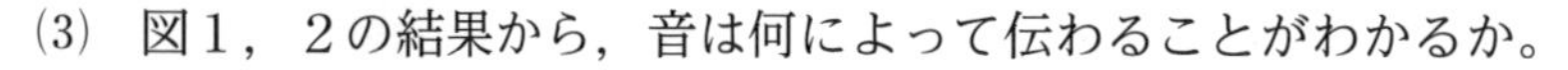

2 音の伝わり方について調べるため，次の実験を行った。これについて，あとの問いに答えなさい。 5点×4〔20点〕

実験　右の図のように，容器の中に音が出るブザーとテープを入れ，容器と真空ポンプをつないだ。次に，容器の中の空気を真空ポンプで少しずつ抜(ぬ)いていき，テープや音のようすを調べた。

(1) 容器の中の空気を抜く前，ブザーの音は聞こえるか。

(　　　　　　)

(2) 容器の中の空気を抜いていくと，容器の中のテープはどうなるか。次のア～ウから選びなさい。 (　)

ア　最初は横になびいているが，しばらくするとなびかなくなる。

イ　最初はなびいていないが，しばらくすると横になびく。

ウ　ほとんど変化しない。

(3) 容器の中の空気を抜いていくと，ブザーの音の聞こえ方はどのようになっていくか。

(　　　　　　)

(4) この実験から，容器の中のブザーの音を伝えているものは何であることがわかるか。

(　　　　)

よく出る **3** 稲光が見えてから雷鳴が聞こえるまでの時間をはかり，この雷(かみなり)までの距離を調べた。これについて，次の問いに答えなさい。 5点×2〔10点〕

(1) 音はどのようなものを伝わるか。次のア～ウから選びなさい。 (　　)

ア　気体だけを伝わる。　　イ　気体と液体だけを伝わる。

ウ　気体，液体，固体を伝わる。

(2) 稲光が見えてから2.5秒後に音が聞こえた。観察した場所から雷までの距離は何mか。ただし，音の速さは340m/sとする。 (　　　　)

4 右の図のようにしてモノコードの弦をはじき，aとb，cとdで音のようすを比べた。これについて，次の問いに答えなさい。 5点×6〔30点〕

(1) ㋐，㋑の弦をはじいたとき，高い音が出るのはそれぞれaとb，cとdのどちらか。

㋐(　　)　㋑(　　)

aは，駒を使って弦を短くする。
aとbの張り方と太さは同じ。

dは，弦を強く張る。
cとdの長さと太さは同じ。

(2) モノコードの弦の音を大きくするには，どのように弦をはじけばよいか。 (　　　　)

(3) 次の文の(　)にあてはまる言葉を書きなさい。

①(　　　　)　②(　　　　)　③(　　　　)

> モノコードの弦の長さが(　①　)ほど，弦を張る強さが(　②　)ほど，弦をはじいたときの(　③　)が大きくなり，高い音が出る。

よく出る **5** コンピュータを使って，一定の条件で振動している弦の音のようすを調べる実験を行った。グラフは，その結果である。これについて，あとの問いに答えなさい。ただし，グラフの横軸は時間(秒)を，縦軸は振動の幅を表すものとする。 5点×5〔25点〕

(1) Aの波の高さが表しているような，振動の幅を何というか。 (　　　　)

(2) ㋐～㋒のうち，Aと同じ大きさの音のようすを示したものはどれか。 (　　)

(3) ㋐～㋒のうち，Aと同じ高さの音のようすを示したものはどれか。 (　　)

(4) ㋐～㋒のうち，最も音が大きいものはどれか。 (　　)

(5) ㋐～㋒のうち，最も振動数が大きいものはどれか。 (　　)

3章　力のはたらき

①弾性力(弾性の力)
力によって変形された物体がもとに戻ろうとする力。

②摩擦力
物体の動きを妨げようとする力。ふれ合っている物体の間にはたらき，滑らかな面では小さく，滑りやすい。

③磁力(磁石の力)
磁石が鉄を引きつけたり，磁石の異なる極が引き合い，同じ極どうしが退け合う力。磁石から離れていてもはたらく。

④電気の力
電気がたまった物体が，引き合ったり退け合ったりする力。離れていてもはたらく。

⑤重力
地球上のすべての物体に常にはたらく，地球の中心に向かう力。地面から離れていてもはたらく。

⑥作用点
力がはたらく点。力の要素の1つ。

テストに出る！ ココが要点　解答 p.10

① 力のはたらきと種類

教 p.172～p.175

1 力のはたらき

(1) 力のはたらき　力には，物体の形を変える，動きを変える，持ち上げたり，支えたりするなどのはたらきがある。

(2) いろいろな力

- (① 　　　)…変形した物体がもとに戻ろうとするときに生じる力。変形した物体が元に戻ろうとする性質を弾性という。
- (② 　　　)…ふれ合った物体がこすれるときに，動きを妨げようとする力。
- (③ 　　　)…磁石が鉄を引きつけたり，磁石のN極とS極が引き合い，同じ極が退け合う力。
- (④ 　　　)…セーターでこすった下敷きなど，電気がたまった物体に生じる力。
- (⑤ 　　　)…地球上の物体が，常に地球の中心に向かって引かれる力。

図1

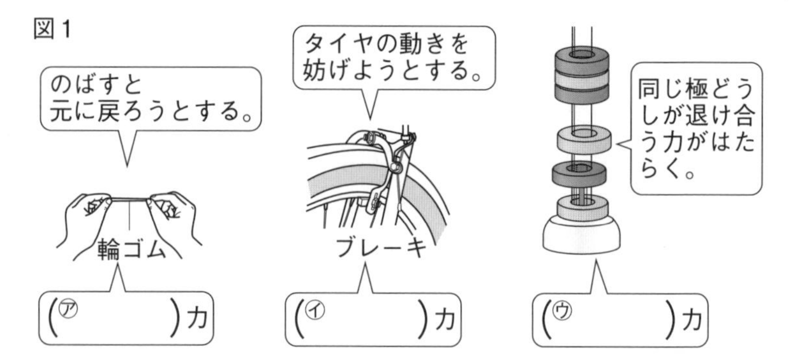

② 力の表し方

教 p.176～p.178

1 力の表し方

(1) (⑥ 　　　)　力がはたらく点。

(2) 力には，力の作用点，力の向き，力の大きさの3つの要素があり，矢印を使って表すことができる。

図2

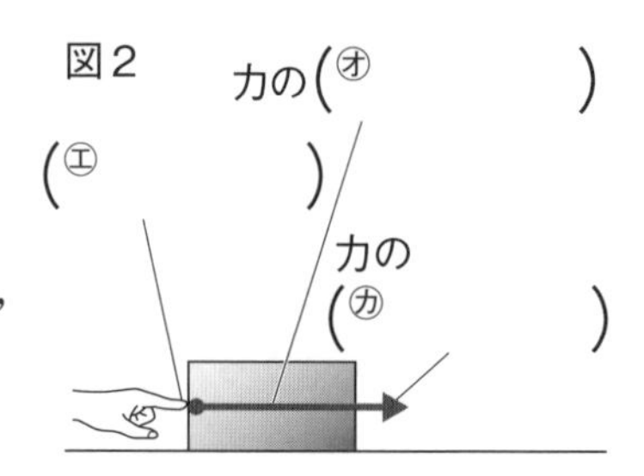

ココが要点の答えになります。

図3 面で押す力

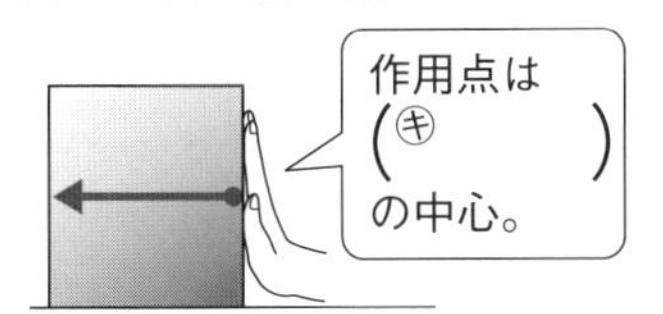

図4 重力

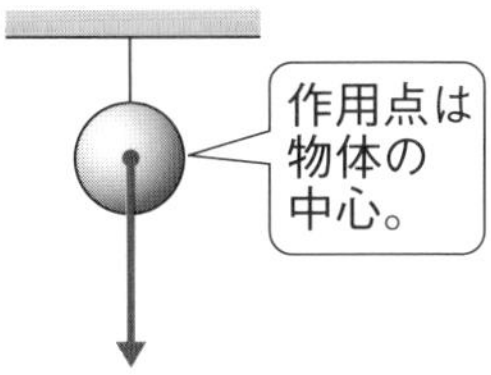

作用点は
物体の
中心。

(3) 力の単位 (⑦)(記号N)が使われる。1Nの力は，約100gの物体にはたらく重力の大きさに等しい。

3 力の大きさとばねの伸び

教 p.179～p.183

1 力の大きさとばねの伸び

(1) (⑧) ばねなどの，弾性のある物体の変形の大きさは，加えた力の大きさに比例する，という関係。

図5

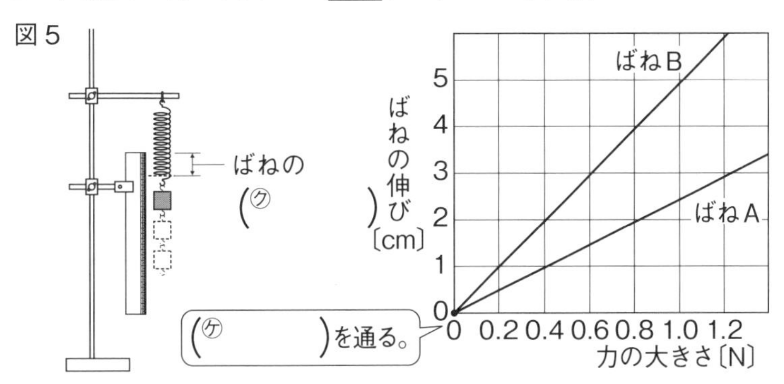

2 質量と重力

(1) (⑨) 物体そのものの量。場所によって変わらない。単位はグラム(記号g)やキログラム(記号kg)が使われる。

(2) 重力 物体にはたらく重力の大きさは場所によって変化する。物体にはたらく重力の大きさは質量に比例する。

4 力のつり合い

教 p.184～p.185

1 力のつり合い

(1) 力のつり合い 1つの物体に2つ以上の力が加わっていて物体が動かないとき，これらの力は(⑩)という。2つの力がつり合っているとき，2つの力の大きさは等しく，一直線上にあり，向きは反対である。

(2) (⑪) 机の上の物体が机の面から垂直に受ける力。

(3) 摩擦力 物体の動きを妨げる力。机の上の物体に力を加えても動かないとき，物体に加えた力とつり合っている。

図6

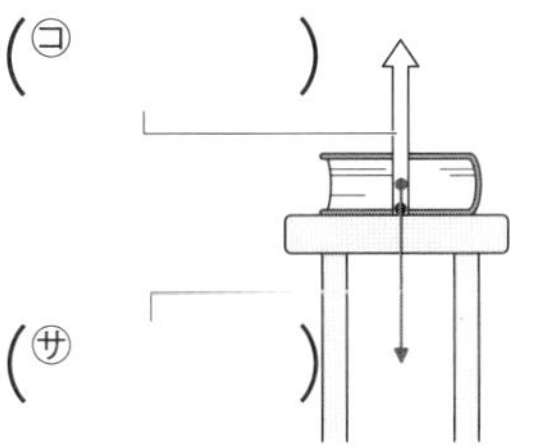

⑦ニュートン
力の大きさの単位。Nで表す。1Nの力は，約100gの物体にはたらく重力の大きさに等しい。

⑧フックの法則
図5。ばねの伸びは，ばねを引く力の大きさに比例するという関係。

ミス注意！
比例のグラフは，原点を通る直線になる。実験の測定結果には誤差が含まれているので，折れ線で結んではいけない。

⑨質量
物体そのものの量。上皿てんびんなどではかることができる。

⑩つり合っている
1つの物体に2つ以上の力がはたらいていて，物体が動かない状態。

⑪垂直抗力(すいちょくこうりょく)
図6の㋙。物体が接している面に垂直にはたらく力。

テストに出る！

予想問題　3章　力のはたらきー①

30分

/100点

1 いろいろな物体に力を加えたときのようすについて調べた。これについて，次の問いに答えなさい。　4点×5〔20点〕

⑴　右の図で，力はどのようなはたらきをしているか。あてはまるものを，次のア～ウからすべて選びなさい。

（　　　　　　　　）

ソフトテニスボールを打ったようす

ア　物体の形を変えるはたらき

イ　物体の動きを変えるはたらき

ウ　物体を持ち上げたり支えたりするはたらき

⑵　次の①～④の現象では，どのような力がはたらいているか。あとのア～オからそれぞれ選びなさい。　①（　　）　②（　　）　③（　　）　④（　　）

①　鉄のクリップに磁石を近づけると，鉄のクリップが引きつけられた。

②　自転車のブレーキをかけると，ブレーキのゴムが車輪を押さえつけて止まった。

③　手に持っていたボールをはなすと，ボールが地面に落ちた。

④　セーターでこすったプラスチックの定規を水に近づけると，水が引きつけられた。

ア　摩擦力　　イ　重力　　ウ　電気の力　　エ　弾性力　　オ　磁力

2 下の図のような物体にはたらく力について調べた。これについて，あとの問いに答えなさい。ただし，100gの物体にはたらく重力を１Ｎとする。　5点×4〔20点〕

図１　300ｇの壁かけ時計

図２

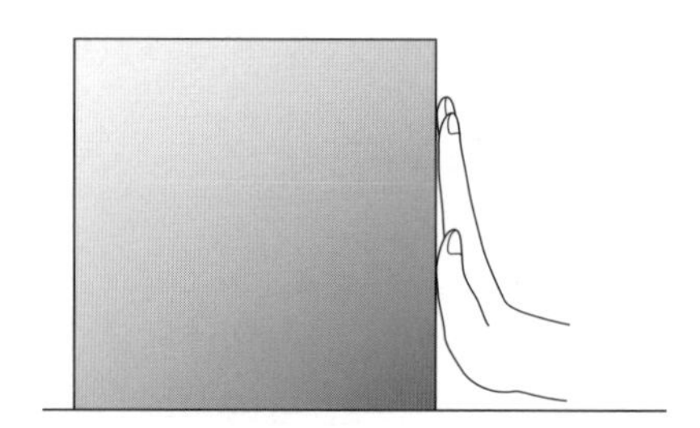

⑴　力の単位の記号はＮで表される。この記号の読み方を書きなさい。（　　　　　　）

⑵　図１の壁かけ時計には，何Ｎの重力がはたらいているか。（　　　　　　）

作図 ⑶　図１の壁かけ時計にはたらく重力を，１Ｎを１cmとして，図１に矢印で表しなさい。

作図 ⑷　図２の箱を４Ｎの力で手のひらで押した。このときの箱にはたらく力を，１Ｎを１cmとして，図２に矢印で表しなさい。

よく出る **3** 2種類のばねA，Bを用意し，図1のように，ばねに1個20gのおもりをいくつかつるし，おもりの質量とばねの伸びを調べた。図2は，このときの結果をグラフに表したものである。これについて，次の問いに答えなさい。ただし，100gの物体にはたらく重力を1Nとする。

5点×5〔25点〕

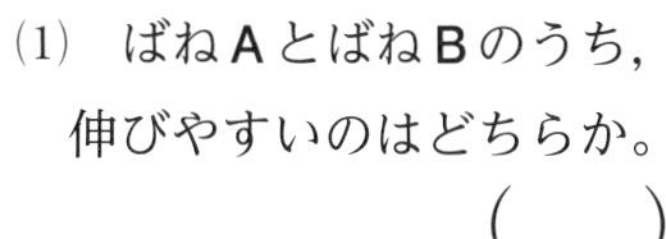

(1) ばねAとばねBのうち，伸びやすいのはどちらか。（　　）

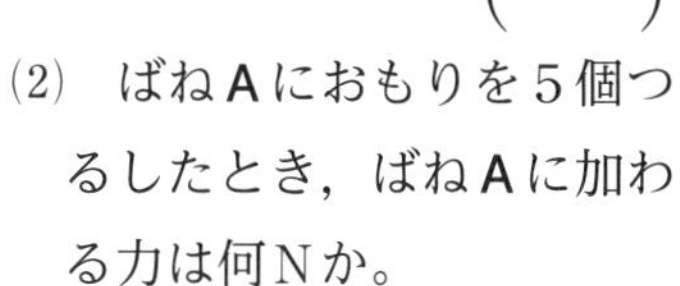

(2) ばねAにおもりを5個つるしたとき，ばねAに加わる力は何Nか。（　　　　）

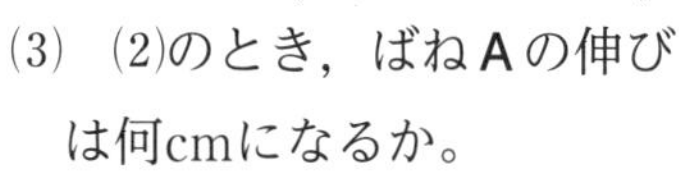

(3) (2)のとき，ばねAの伸びは何cmになるか。（　　　　）

図1

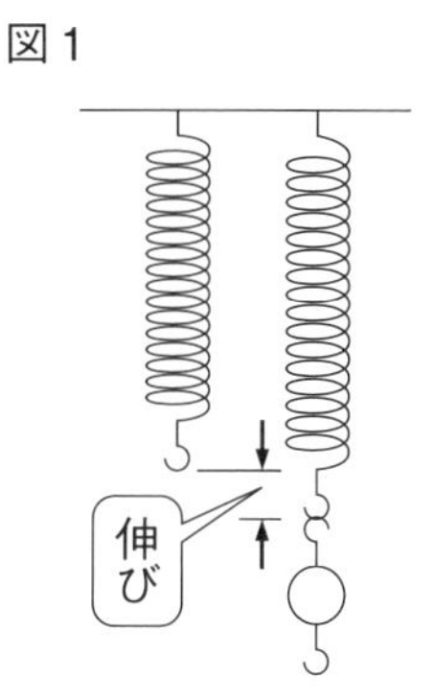

図2

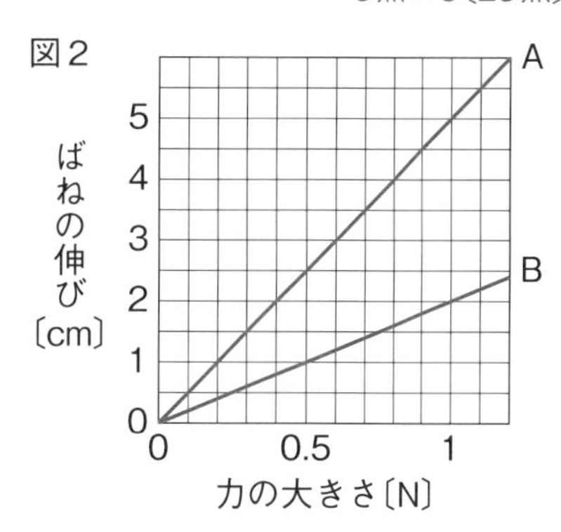

(4) ばねBの伸びが5cmであるとき，ばねBに加わっている力は何Nか。（　　　　）

(5) (4)のとき，ばねBにつるされたおもりの全体の質量は何gか。（　　　　）

4 右の図のように，厚紙につけた2つのばねばかりA，Bを両側に引いたところ，ある位置で厚紙が静止した。これについて，次の問いに答えなさい。

5点×4〔20点〕

(1) 厚紙が静止したとき，ばねばかりAは3Nを示していた。ばねばかりBの示している値は何Nか。（　　　　）

(2) 2本の糸の位置関係はどのようになっているか。（　　　　）

(3) 物体にはたらく2つの力がつり合っているとき，2つの力の大きさと向きはどのようになっているか。

大きさ（　　　　）

向き（　　　　）

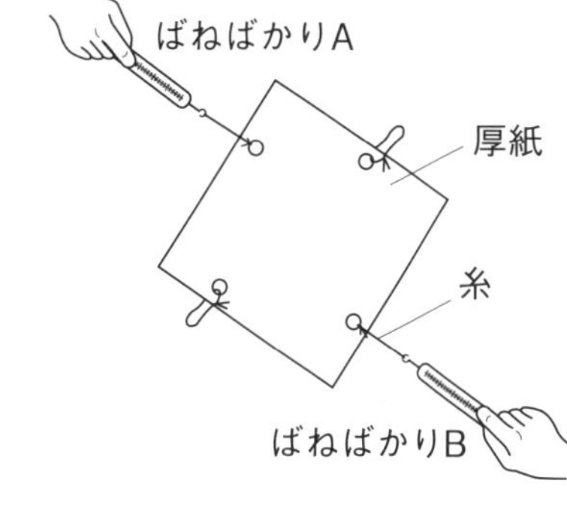

5 右の図のように，台の上に物体を置いた。これについて，次の問いに答えなさい。

5点×3〔15点〕

(1) 物体にはたらく図のAの力を何というか。（　　　　）

作図 (2) 物体にはたらくAの力とつり合う力を，右の図に矢印で表しなさい。

(3) (2)の力を何というか。（　　　　）

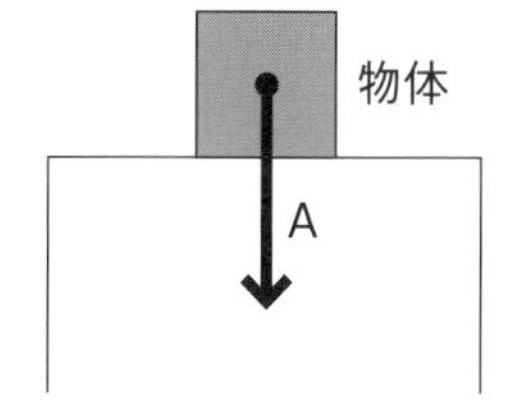

解答 p.11

テストに出る！

予想問題　3章　力のはたらきー②

⏱30分　/100点

1 力のはたらきと種類について，あとの問いに答えなさい。　5点×4〔20点〕

㋐　スポンジを押す。　㋑　ボールをへこませる。　㋒　かたいボールを受ける。

㋓　バーベルを支える。　㋔　ボールを転がす。　㋕　荷物を持つ。

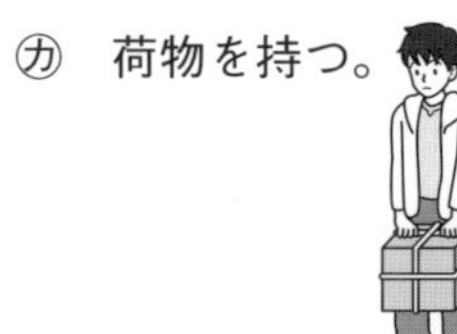

(1)　主に物体の形を変える力のはたらきを表すものを，㋐～㋕からすべて選びなさい。　(　　　)

(2)　主に物体の動きを変える力のはたらきを表すものを，㋐～㋕からすべて選びなさい。　(　　　)

(3)　主に物体を持ち上げたり支えたりする力のはたらきを表すものを，㋐～㋕からすべて選びなさい。　(　　　)

(4)　離れていてもはたらく力には，どのようなものがあるか。次のア～オからすべて選びなさい。　(　　　)

ア　摩擦力　　イ　重力　　ウ　電気の力　　エ　弾性力　　オ　磁力

2 右の図1は，手が物体を押す力を矢印で示したものである。図2は，質量200gの物体を糸でつるしたものである。これについて，次の問いに答えなさい。　5点×4〔20点〕

(1)　図1の㋐の点，㋑の矢印の長さ，㋒の矢印の向きは，それぞれ力の何を表しているか。

㋐(　　　　　)
㋑(　　　　　)
㋒(　　　　　)

図1

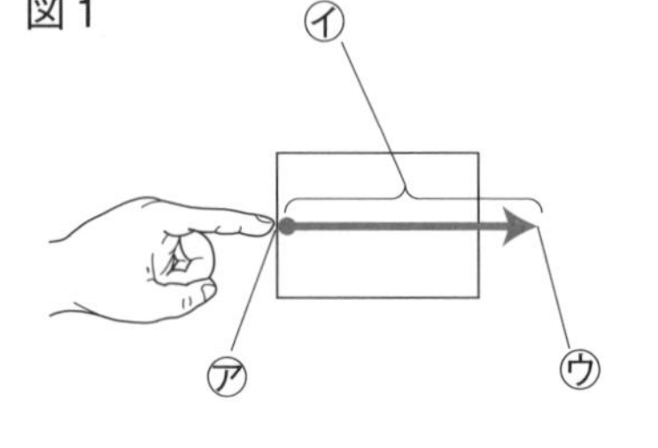

図2

200gの物体

作図　(2)　図2の物体にはたらく重力を力の矢印で表しなさい。ただし，100gの物体にはたらく重力の大きさを1Nとし，1Nの力を1cmの長さで表すものとする。

よく出る **3** ばねに１個50gのおもりをつり下げて，ばねに加える力の大きさとばねの伸びの関係を調べた。下の表はその結果である。これについて，あとの問いに答えなさい。ただし，100gの物体にはたらく重力を１Nとする。 5点×8〔40点〕

おもりの個数	0	1	2	3	4	5
ばねの伸び〔cm〕	0	1.1	2.0	3.0	4.0	4.9

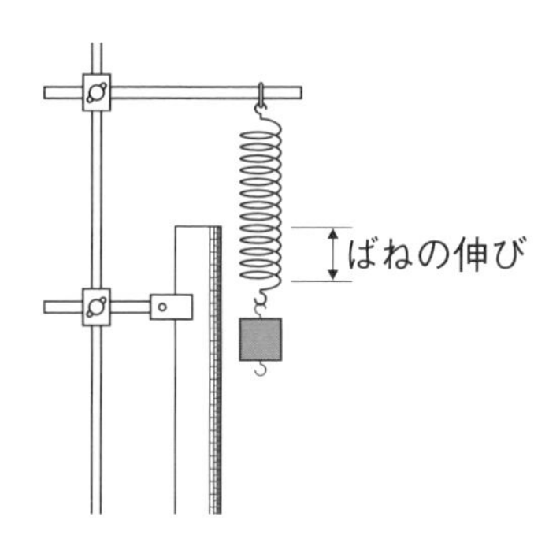

(1) おもりが４個のとき，ばねに加える力の大きさは何Nか。 (　　　)

(2) この実験の結果を右のグラフに表しなさい。

(3) (2)でかいたグラフから，ばねに加える力の大きさとばねの伸びの間にはどのような関係があることがわかるか。

(　　　)

(4) (3)の関係を何の法則というか。

(　　　)

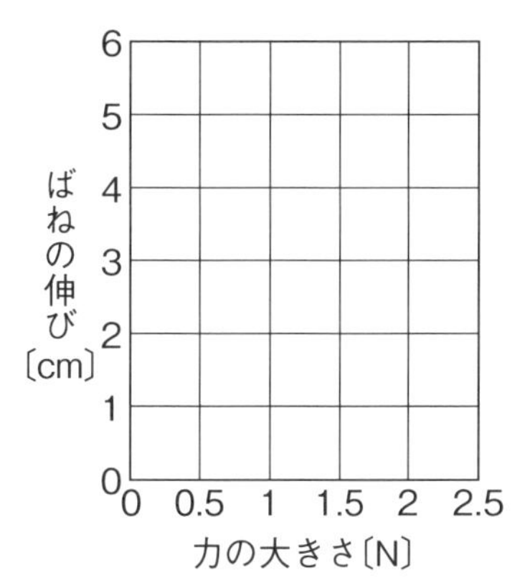

(5) このばねに１個25gのおもりを５個つるすと，ばねの伸びは何cmになるか。 (　　　)

(6) おもりのかわりに手でこのばねを3.0cm伸ばした。このとき手がばねに加えた力は何Nか。

(　　　)

(7) 実験を終えてばねにつるしたおもりをすべて外すと，ばねの長さはどうなるか。

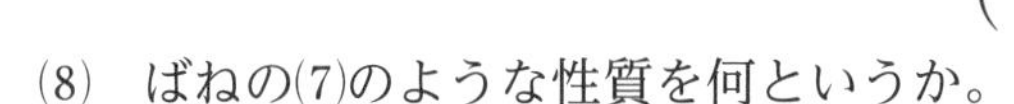
(　　　)

(8) ばねの(7)のような性質を何というか。 (　　　)

よく出る **4** 右の図１，図２のように，机の上に物体を置き，物体にはたらく力について調べた。これについて，次の問いに答えなさい。 4点×5〔20点〕

(1) 図１のAとBは，机の上に置いた物体Xにはたらく力を矢印で表したものである。物体XにはたらくA，Bの力をそれぞれ何というか。

A (　　　)
B (　　　)

図１

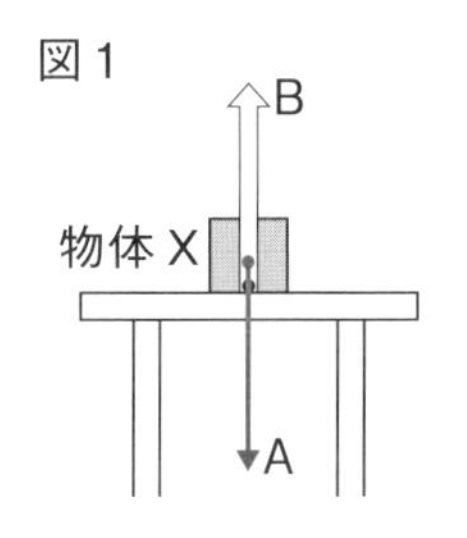

図２

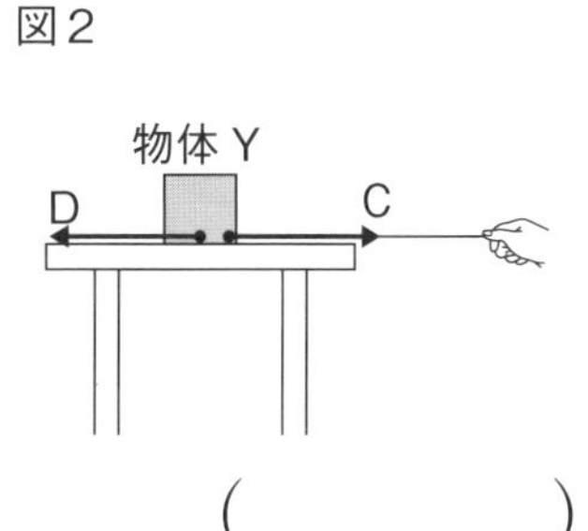

(2) 図１のAが３Nであったとき，Bの大きさは何Nか。 (　　　)

(3) 図２で，Cは机の上の物体Yをひもで引いた５Nの力を表しており，このとき物体Yは動かなかった。物体Yに対してCと反対向きにはたらく力Dを何というか。

(　　　)

(4) (3)のとき，Dの大きさは何Nか。 (　　　)

単元4 大地の変化

1章 火山

①マグマ
地球内部の熱によって，地下の岩石がとけたもの。

②火山噴出物
噴火によってふき出された，マグマがもとになったもの。

③成層火山
火山砕屑物が降り積もる噴火と，その上を溶岩が覆う噴火を繰り返してできた円錐状の火山。

④鉱物
マグマが冷えてできた粒のうち，結晶になったもの。

⑤無色鉱物（白色鉱物）
鉱物のうち，無色や白色のもの。

⑥有色鉱物
鉱物のうち，黒色や褐色，緑色など，色がついているもの。

ポイント
鉱物の結晶は，決まった形をしているものが多い。

テストに出る！ ココが要点 解答 p.13

① 火山の活動　教 p.200〜p.208

1 火山の噴火

(1) (① 　　　) 地下にある，岩石が高温でどろどろにとけた物質。これが上昇して地表にふき出す現象を噴火という。

(2) (② 　　　) 噴火のときにふき出される，マグマがもとになってできた物質。**火山ガス**，**溶岩**，**火山弾**，**軽石**，**火山れき**，**火山灰**など。火山ガスと溶岩以外を火山砕屑物と総称する。

2 火山の形と噴火のようす

(1) 火山の形と噴火のようすは，マグマのねばりけに関係がある。

図1

マグマのねばりけ	(㋐ 　　　)	(㋑ 　　　)
噴火のようす	穏やか	(㋒ 　　　)
火山の形	傾斜が緩やかな形	おわんをふせたような形
模式図	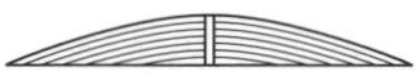	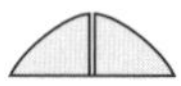
火山噴出物の色	(㋓ 　　　)っぽい	(㋔ 　　　)っぽい

(2) (③ 　　　) 火山砕屑物を出す爆発的噴火と，溶岩を出す穏やかな噴火を繰り返してできた，円錐形の火山。 例富士山

② マグマが固まった岩石　教 p.209〜p.216

1 火山灰などに含まれる粒

(1) (④ 　　　) 火山灰や岩石に含まれる粒。白っぽいものを(⑤ 　　　)，黒っぽいものを(⑥ 　　　)という。

図2

無色鉱物	(㋕ 　　　)	長石

	不規則	柱状・短冊状

有色鉱物	(㋖ 　　　)	角閃石	輝石	カンラン石	磁鉄鉱

	板状・六角形	長い柱状・針状	短い柱状・短冊状	丸みのある短い柱状	磁石に引きつけられる

ココが要点の答えになります。

2 マグマが固まった岩石

(1) (⑦　　　　) マグマが冷え固まった岩石。でき方によって2種類に分けられる。

- (⑧　　　　)…マグマが地表や地表付近で**急速に**冷え固まってできた岩石。
- (⑨　　　　)…マグマが地下の深いところで**ゆっくりと**冷え固まってできた岩石。

(2) 火成岩のつくり

- (⑩　　　　)…火山岩のつくり。大きな鉱物の結晶の(⑪　　　　)の部分と，小さな鉱物の集まりや火山ガラスの部分の(⑫　　　　)でできている。
- (⑬　　　　)…深成岩のつくり。同じくらいの大きさの鉱物が組み合わさり，石基(せっき)の部分がない。

図3

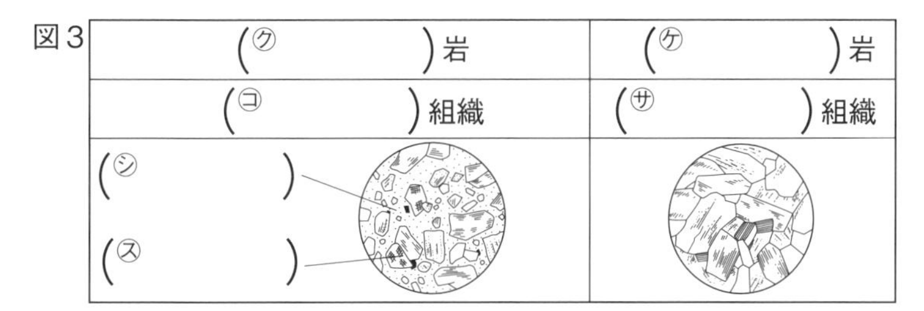

(3) 火成岩の分類

図4

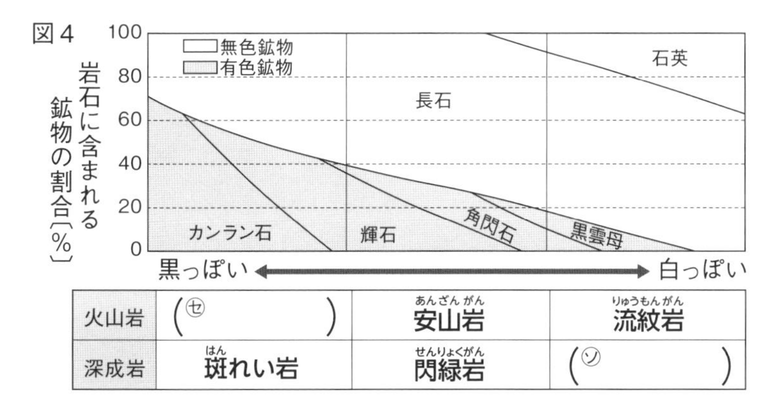

火山岩	(セ　　　　)	安山岩(あんざんがん)	流紋岩(りゅうもんがん)
深成岩	斑(はん)れい岩	閃緑岩(せんりょくがん)	(ソ　　　　)

3 火山の災害

教 p.217〜p.219

1 火山の災害

(1) 火山による災害　火山が噴火すると，**溶岩流**や**火砕流**，**火山砕屑物**などによる災害が起こることがある。

- (⑭　　　　)…被災が想定される区域や避難場所や避難経路などを示した地図。

満点ミッション

⑦**火成岩**
マグマが冷え固まった岩石。

⑧**火山岩**
図3のク。マグマが，地表や地表付近で短い時間で冷え固まった岩石。

⑨**深成岩**
図3のケ。マグマが，地下深いところでゆっくりと冷え固まった岩石。

⑩**斑状組織**(はんじょうそしき)
火山岩のつくり。

⑪**斑晶**(はんしょう)
図3のス。火山岩のつくりのうち，大きな結晶の部分。

⑫**石基**
図3のシ。火山岩のつくりのうち，急激に冷えたために大きな結晶になれなかった小さな結晶や火山ガラスの部分。

⑬**等粒状組織**(とうりゅうじょうそしき)
同じくらいの大きさの鉱物が組み合わさってできた，深成岩のつくり。

⑭**ハザードマップ**
火山噴火などの災害に備えて，被災が想定される区域や避難場所，避難経路，防災に関わる施設の場所などを示した地図。

テストに出る！
予想問題　1章　火山

🕒30分
/100点

よく出る **1** 下の図は，形の異なる火山の断面の模式図である。これについて，あとの問いに答えなさい。
4点×7〔28点〕

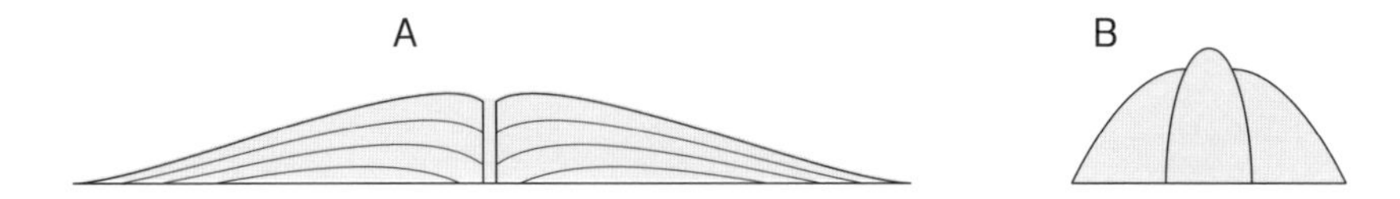

(1) A，Bのように，火山の形がちがうのは，あるもののねばりけがちがうためである。あるものとは何か。　(　　　　)
(2) (1)のねばりけが強いと，A，Bどちらのような火山の形になるか。　(　　)
(3) 溶岩が白っぽいのは，A，Bどちらの火山か。　(　　)
(4) 激しい爆発をともなう噴火になることが多いのは，A，Bどちらの火山か。　(　　)
(5) 次の①，②の火山は，それぞれA，Bどちらのような火山の形をしているか。
①(　　)　②(　　)
①キラウエア　②雲仙普賢岳(うんぜんふげんだけ)
(6) 火山には，(1)のねばりけ以外にも形を決める要素がある。火山砕屑物を出す噴火と溶岩を出す噴火が繰り返されてできた円錐形の火山を何というか。　(　　　　)

2 右の図は，火山の火口からふき出されるものを示したものである。これについて，次の問いに答えなさい。
4点×7〔28点〕

(1) 図のAは，地下の岩石がとけてできた物質である。これを何というか。　(　　　　)
(2) Aが固まった岩石を何というか。　(　　　　)
(3) 図のBは，Aが地表に流れ出たものである。これを何というか。　(　　　　)
(4) 図のCは，噴火によってAがふき出されて固まった軽いかたまりである。これを何というか。　(　　　　)

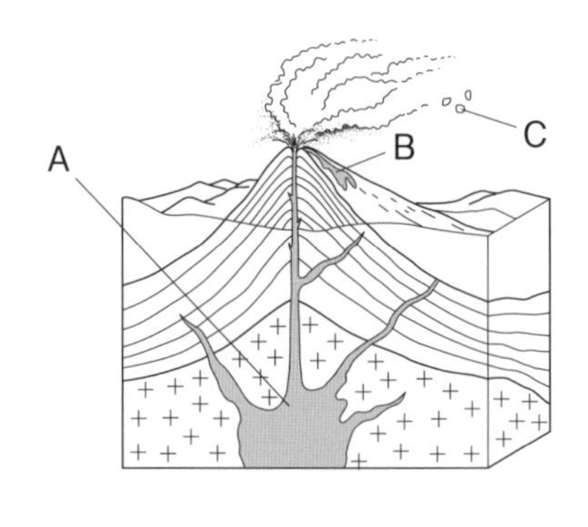

記述 (5) Cの表面には，たくさんの穴が見られる。この穴は，どのようにしてできたものか。
(　　　　　　　　　　　　)
(6) 図のBやCのように，火山の火口からふき出される物質をまとめて何というか。　(　　　　)
(7) 火口からふき出される物質のうち，細かい粒のため上空の風に運ばれて広い範囲に降り積もり，地層をつくるものを何というか。　(　　　　)

3 下の表は，さまざまな鉱物のスケッチと特徴をまとめたものである。これについて，次の問いに答えなさい。

3点×8〔24点〕

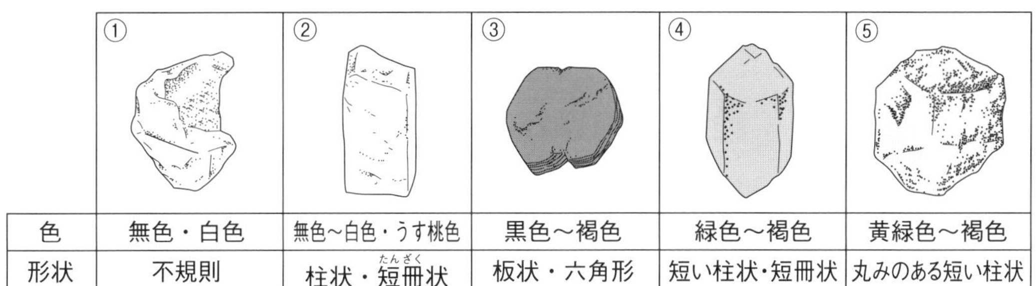

	①	②	③	④	⑤
色	無色・白色	無色～白色・うす桃色	黒色～褐色	緑色～褐色	黄緑色～褐色
形状	不規則	柱状・短冊（たんざく）状	板状・六角形	短い柱状・短冊状	丸みのある短い柱状

(1) 上の①～⑤の鉱物を何というか。次の**ア**～**オ**からそれぞれ選びなさい。

①（　　）②（　　）③（　　）④（　　）⑤（　　）

ア 黒雲母　**イ** 長石　**ウ** 石英　**エ** カンラン石　**オ** 輝石

(2) ①，②のような色をした鉱物を何というか。（　　　　）

(3) ③～⑤のような色をした鉱物を何というか。（　　　　）

(4) 次の**ア**～**ウ**のうち，①，②の鉱物の割合が最も多いものはどれか。（　　）

ア 花崗岩（かこうがん）　**イ** 閃緑岩　**ウ** 斑れい岩

よく出る **4** 右の図1，図2は，火成岩の表面をルーペで観察してスケッチしたものである。これについて，次の問いに答えなさい。

2点×10〔20点〕

(1) 図1，図2のようなつくりをそれぞれ何というか。

図1（　　　　）図2（　　　　）

(2) 図2に含まれる㋐，㋑の部分をそれぞれ何というか。

㋐（　　　　）㋑（　　　　）

(3) 図1，図2の岩石ができた場所やでき方について適当なものはどれか。それぞれ次の**ア**～**エ**から選びなさい。

図1（　　）図2（　　）

図1

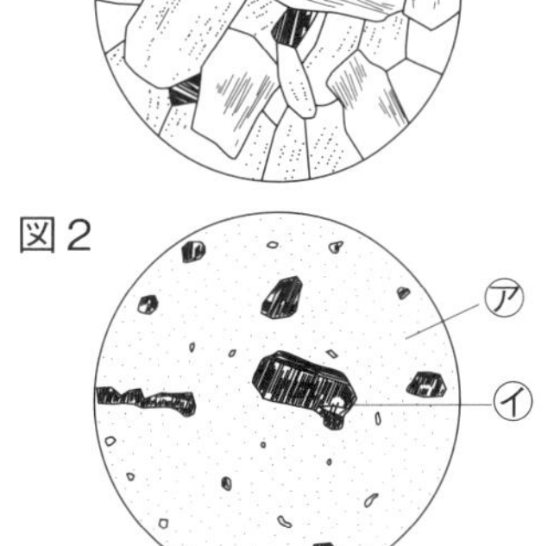

ア マグマが地表や地表近くで，急速に冷えて固まった。

イ マグマが地表や地表近くで，長い時間をかけてゆっくりと冷えて固まった。

ウ マグマが地下の深い場所で，急速に冷えて固まった。

エ マグマが地下の深い場所で，長い時間をかけてゆっくりと冷えて固まった。

(4) 図1，図2のつくりをもつ火成岩を，それぞれ何というか。

図1（　　　　）図2（　　　　）

(5) 図1，図2のつくりをもつ岩石はどれか。次の**ア**～**カ**から，それぞれすべて選びなさい。

図1（　　　　）図2（　　　　）

ア 流紋岩　**イ** 閃緑岩　**ウ** 玄武岩
エ 花崗岩　**オ** 斑れい岩　**カ** 安山岩

2章　地震

満点ミッション

①震度（しんど）
ある地点での地震の揺れの大きさ。観測地点によって異なる。

②マグニチュード
地震の規模を表す指標。1つの地震に対して1つの値が決まる。

ミス注意！
震度は0～7で，5と6は強と弱の2段階に分けられている。1～10ではない。

③震源（しんげん）
図2の㋑。

④震央
図2の㋐。

テストに出る！ ココが要点　解答 p.13

① 地震の揺（ゆ）れの大きさ

教 p.220～p.224

1 地震の規模

(1) （①　　　　） 地震による，ある地点での地面の揺れの程度。日本では10段階に分けられている。ふつう，震央（しんおう）付近で最も大きい。

図1

震度階級	0	1	2	3	4	5弱	5強	6弱	6強	7
揺れの大きさ	小さい ←――――――――――――――→ 大きい									

(2) （②　　　　　） 地震そのものの規模を表す指標。その地震で放出されたエネルギーの大きさに対応する。数値が1大きくなると，エネルギーは約32倍になる。

2 地震の正体

(1) 地震　地下の岩石が，加わった力に耐えきれなくなって破壊され，岩盤（がんばん）がずれる現象。

- （③　　　　）…岩石が破壊された点。
- （④　　　　）…震源の真上の地表の点。

図2

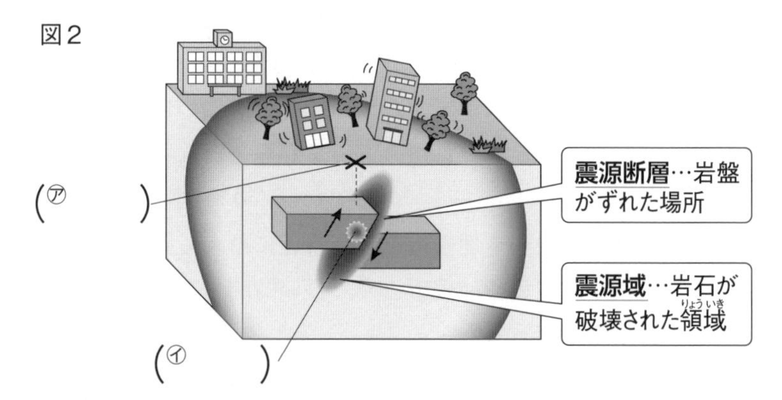

② 地面の揺れの伝わり方

教 p.225～p.226

1 地面の揺れの伝わり方

(1) 揺れの広がる速さ　地面の揺れは，震源から四方にほぼ同じ速さで広がっていく。

$$\text{速さ〔km/s〕} = \frac{\text{震源からの距離〔km〕}}{\text{地震が発生してから地面の揺れが始まるまでの時間〔s〕}}$$

ココが要点の答えになります。

3 地面の揺れ方の規則性

教 p.227～p.230

1 地面の揺れ方

(1) (⑤　　　　) 地震の揺れにおける，はじめの小さな揺れ。
(2) (⑥　　　　) 初期微動の後に続く，大きな揺れ。
(3) (⑦　　　　) 初期微動を引き起こす波。速さが速い。
(4) (⑧　　　　) 主要動を引き起こす波。速さが遅い。
(5) (⑨　　　　　　　) 初期微動が続く時間。P波とS波の到着時刻の差。震源から遠くなるほど長くなる。

図3

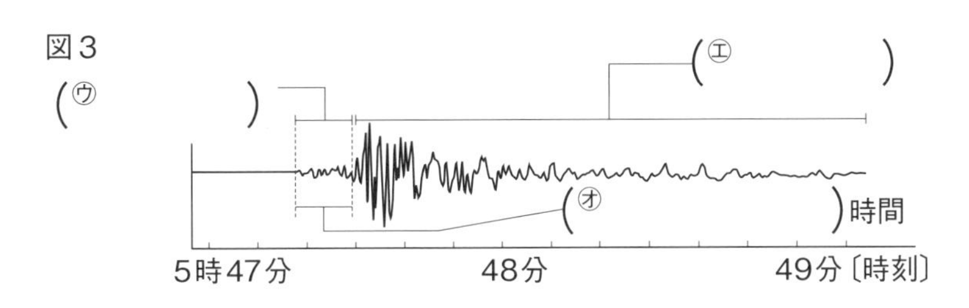

図4

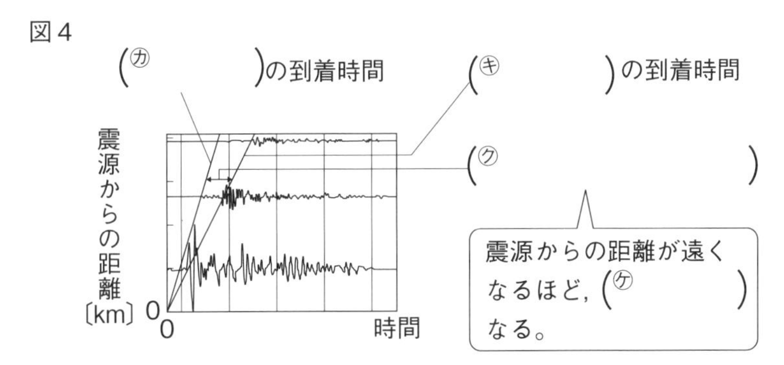

4 地震の災害

教 p.231～p.233

1 地震の災害

(1) (⑩　　　　) 海域などで発生した地震による海底の地形の変化によって生じる波。
(2) (⑪　　　　) 広い範囲で地面がもち上がること。
(3) (⑫　　　　) 広い範囲で地面が沈むこと。

2 地震の災害から身を守るしくみ

(1) (⑬　　　　　　　) 地震発生直後に気象庁から発表される情報。P波を解析して震源やマグニチュードを推定し，S波の到着時刻や震度などを予想する。
(2) (⑭　　　　) 海域などで地震が発生したとき，震源に近い地震計で観測したP波のデータから沿岸で予想される津波の高さを求め，気象庁から発表される。

満点ミッション

⑤初期微動（しょきびどう）
図3の㋒の揺れ。
⑥主要動（しゅようどう）
図3の㋓の揺れ。
⑦P波
初期微動を起こす波。
⑧S波
主要動を起こす波。
⑨初期微動継続時間（しょきびどうけいぞくじかん）
初期微動が始まってから主要動が始まるまでの時間。

⑩津波（つなみ）
地震による海底の地形の急激な変化によって発生する波。大きな被害をもたらすことがある。
⑪隆起（りゅうき）
地面が広い範囲でもち上がること。
⑫沈降
地面が広い範囲で沈むこと。
⑬緊急地震速報（きんきゅうじしんそくほう）
地震の震度やS波の到着時刻について出される速報。
⑭津波警報（つなみけいほう）
津波の発生が予想されるときに出される速報。

ポイント
緊急地震速報は，S波による主要動が始まる前に揺れに備えることを目的としている。

テストに出る！

予想問題　2章　地震

30分　/100点

1 右の図は，ある地震で観測された各地の揺れの程度を数値で表したものである。これについて，次の問いに答えなさい。

4点×7〔28点〕

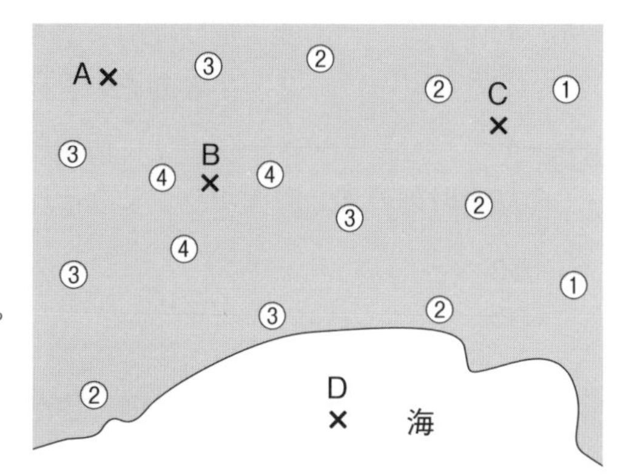

⑴　震源の真上の地表の点を何というか。（　　　　）

⑵　図の数値のような，ある地点での揺れの程度を表したものを何というか。（　　　　）

⑶　⑵は，日本では何段階に分けられているか。（　　　　）

⑷　この地震の震源はどこだと考えられるか。図のA～Dから選びなさい。（　　）

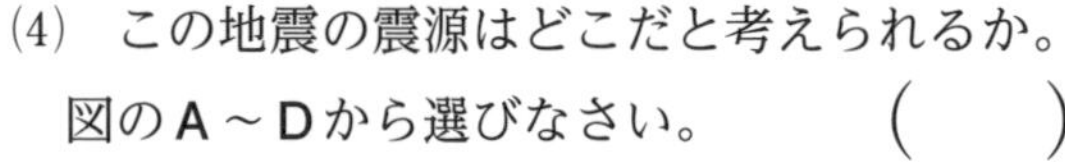

⑸　この記録から，地震による地面の揺れはどのように伝わっていくといえるか。次のア～ウから選びなさい。（　　）

ア　震源からある決まった方向に向かって，強い揺れが伝わる。

イ　震源から四方に向かって，ほぼ同じ速さで揺れが伝わる。

ウ　海から陸に向かって，ほぼ同じ速さで揺れが伝わる。

⑹　次の文の（　）にあてはまる言葉を書きなさい。

①（　　　　）　②（　　　　）

> 地震そのものの規模は，（　①　）で表す。（①）は，地震で放出された（　②　）の大きさに対応する。

よく出る 2 右のグラフは，8時30分0秒に発生したある地震の震源からの距離と，P波，S波が記録された時刻を表している。これについて，次の問いに答えなさい。

4点×5〔20点〕

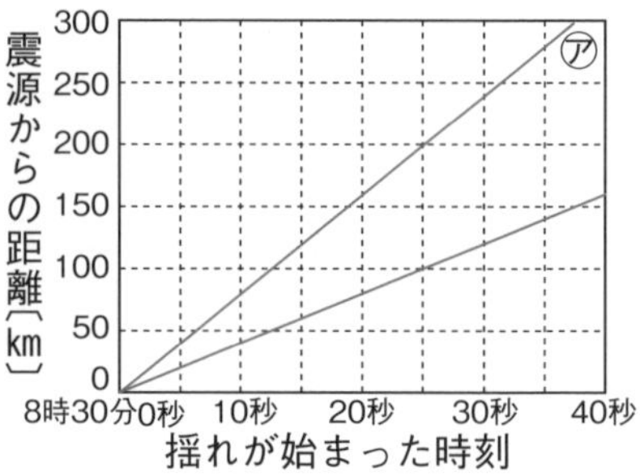

震源からの距離〔km〕
300
250
200
150
100
50
0
8時30分0秒　10秒　20秒　30秒　40秒
揺れが始まった時刻
㋐

⑴　右の㋐のグラフが表しているのは，P波とS波のどちらか。（　　　　）

⑵　この地震のS波の速さは何km/sか。（　　　　）

⑶　P波とS波の到着時刻の差を何というか。（　　　　）

⑷　震源からの距離が100kmの地点での⑶の時間は何秒か。（　　　　）

⑸　震源からの距離が遠くなるほど⑶の時間はどうなるか。（　　　　）

よく出る **3** 右の図は，ある地震の揺れをA～Dの４つの地点で地震計によって記録したものである。Aだけは，時刻と震源からの距離の目盛りがついている。これについて，次の問いに答えなさい。

4点×7〔28点〕

(1) Aのa，bの揺れをそれぞれ何というか。

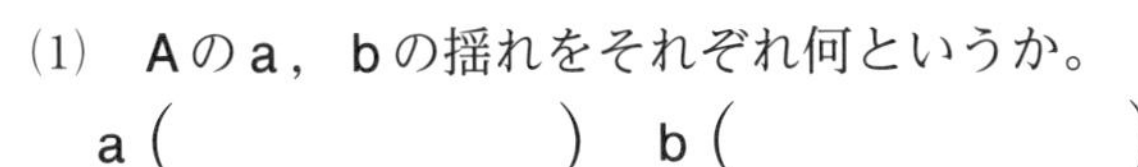

a（　　　　　　）　b（　　　　　　）

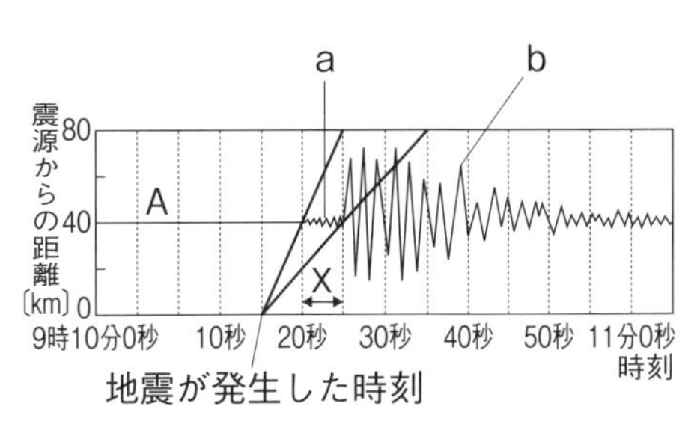

(2) a，bの揺れの始まる時刻がちがうのはなぜか。次のア～エから選びなさい。（　　）

ア　P波が発生してからS波が発生するから。

イ　S波が発生してからP波が発生するから。

ウ　P波はS波より伝わる速さが速いから。

エ　S波はP波より伝わる速さが速いから。

(3) AにおけるXの時間は5秒だった。Xの時間が10秒になるのは，震源から何kmの地点か。

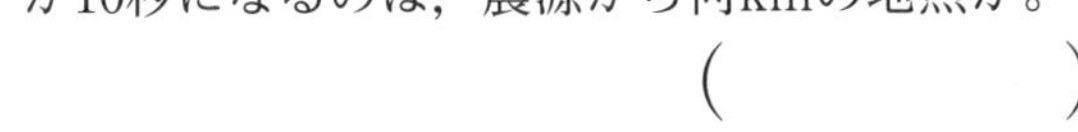

（　　　　　）

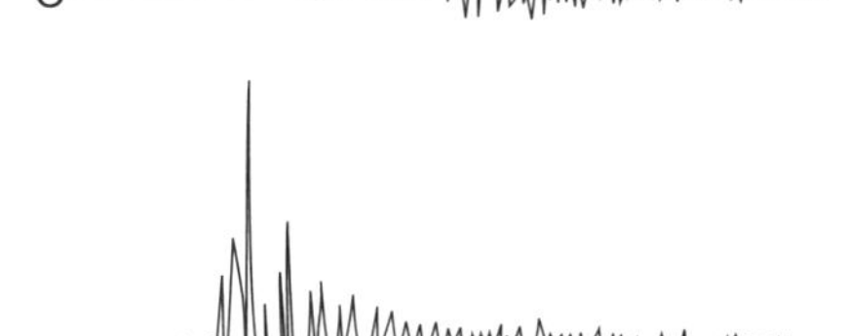

(4) B～Dの地点を，震源から距離が近い順に並べなさい。（　　→　　→　　）

(5) B～Dの地点のうち，地面の揺れが最も大きかったのはどの地点か。（　　）

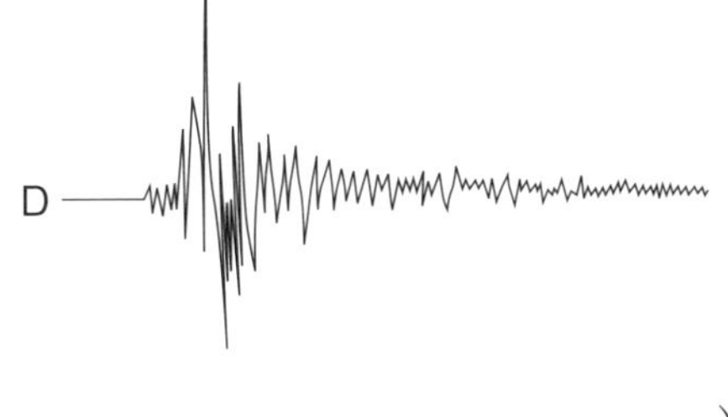

記述 (6) 震源からの距離と地面の揺れの関係は，ふつう，どのようになっているか。

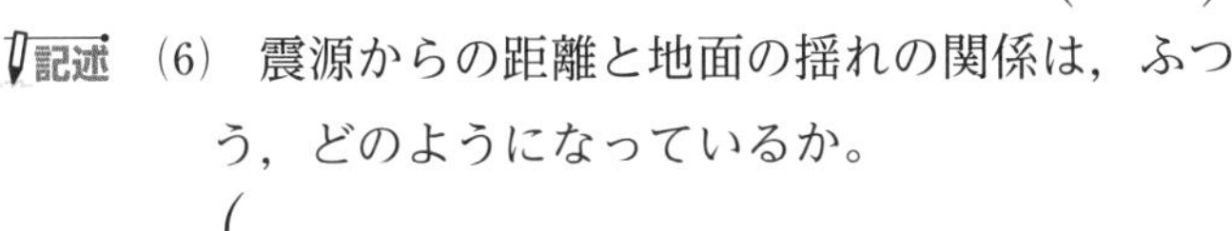

（　　　　　　　　　　　　　　　　　　　　　　）

4 地震による大地の変化や災害について，次の問いに答えなさい。

4点×6〔24点〕

(1) 次のア～エのうち，地震による災害ではないものはどれか。（　　）

ア　地滑りが起こり，道路が通れなくなった。

イ　都市で建物が倒壊し，火災が発生した。

ウ　火山灰が降り積もり，農作物に被害を受けた。

エ　砂や泥でできた土地で地面が流動化し，建物が傾いた。

(2) 海底の急激な地形の変化によって，海水のうねりが発生し，沿岸部に海水が押し寄せることを何というか。（　　　　）

(3) 地震のときに地面がもち上がったり，沈んだりすることを，それぞれ何というか。

もち上がること（　　　　）　沈むこと（　　　　）

(4) 地震発生直後に気象庁から発表される，震度や強い揺れの到着時刻の情報を何というか。

（　　　　　）

(5) (4)の情報が出される前に大きい揺れが到達してしまうのはどんな場合か。次のア～ウから選びなさい。（　　）

ア　震源が近いとき　　イ　震源が海底にあるとき　　ウ　地震の規模が大きいとき

3章　地層
4章　大地の変動

①風化
岩石が長い間に表面から崩れていくこと。
②侵食
岩石が風や流水によって削られていくこと。侵食が進むと深い谷ができる。
③運搬（うんぱん）
侵食された土砂が流水によって下流に運ばれること。
④堆積
流れの緩やかな場所で，運搬されてきた土砂が積もること。
⑤断層
地層が切れてずれることによってできたくいちがい。

ポイント
地層にはたらく力の向きによって，地層のずれる向きが変わる。

⑥しゅう曲
地層に力がはたらいて押し曲げられたもの。
⑦鍵層（かぎそう）
広域火山灰のような，地層が同時代にできたことを調べる目印となる，広い範囲で見られる地層。

テストに出る！ **ココが要点** 解答 p.14

① 地層のでき方

教 p.234～p.238

1 地層のでき方

(1) 地層をつくるはたらき

- (① 　　　　)…気温の変化や水のはたらきなどによって，長い間に岩石が表面から崩（くず）れていくこと。
- (② 　　　　)…風化によってもろくなった岩石が，風や流水などによって削（けず）られること。
- (③ 　　　　)…流水によって土砂が下流に運ばれること。
- (④ 　　　　)…流れの緩（ゆる）やかな場所で土砂が積もること。

図1

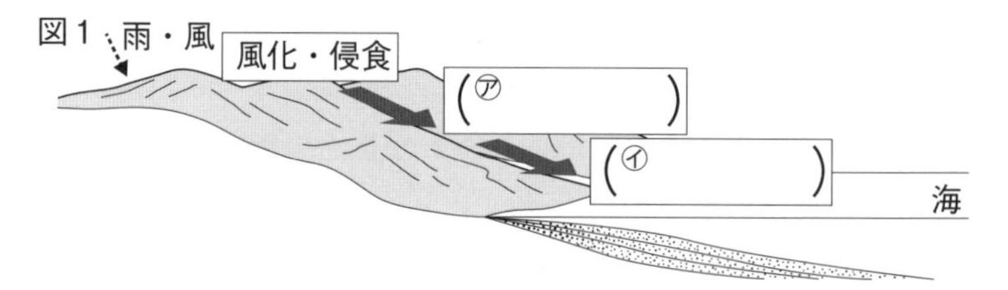

② 地層の観察

教 p.239～p.244

1 地層の変形

(1) (⑤ 　　　　) 横から押す力や引っ張る力がはたらき，地層が切れてずれることによってできるくいちがい。

図2 ●断層のでき方●

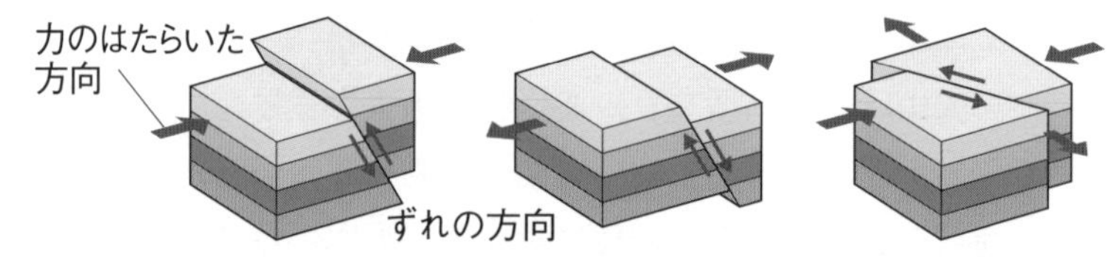

(2) (⑥ 　　　　) 地層に力がはたらいて押し曲げられたもの。

図3 ●しゅう曲のでき方●

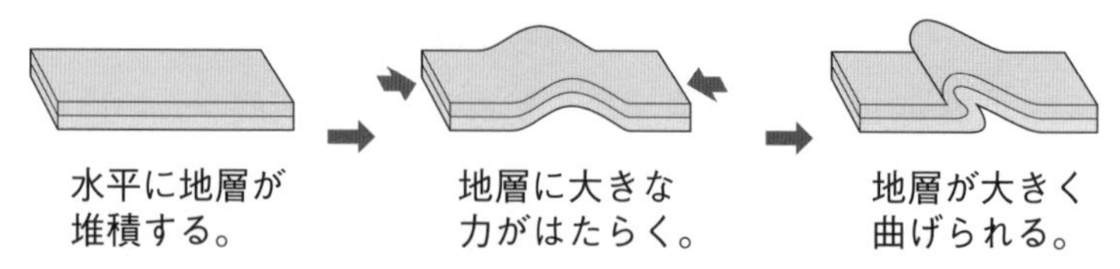

(3) 柱状図　1枚1枚の地層の重なり方を柱状に表したもの。

(4) (⑦ 　　　　) 地層の広がりを知る上での目印となる地層。

ココが要点の答えになります。

③ 堆積岩(たいせきがん)と化石

教 p.245～p.249

1 堆積岩の種類

(1) (⑧　　　　　) 海底に積もったれき・砂・泥などが固まってできた岩石。

図4

	れき岩	砂岩(さがん)	泥岩(でいがん)	(ウ　　)	石灰岩(せっかいがん)	(エ　　)
堆積する主なもの	岩石などのかけら 粒の大きさ 2mm以上	2～0.06mm	0.06mm以下	火山灰，軽石など	生物の死がいなど	

2 化石

(1) (⑨　　　　　) 地層が堆積した当時の**環境**を示す化石。

図5

示相化石	サンゴ 	シジミ 	ヒトデ 
当時の環境	ごく浅い (オ　　)	湖や (カ　　)	海底

(2) (⑩　　　　　) 地層が堆積した**年代**を示す化石。

(3) (⑪　　　　　) 化石などから決められる地球の時代区分。

図6

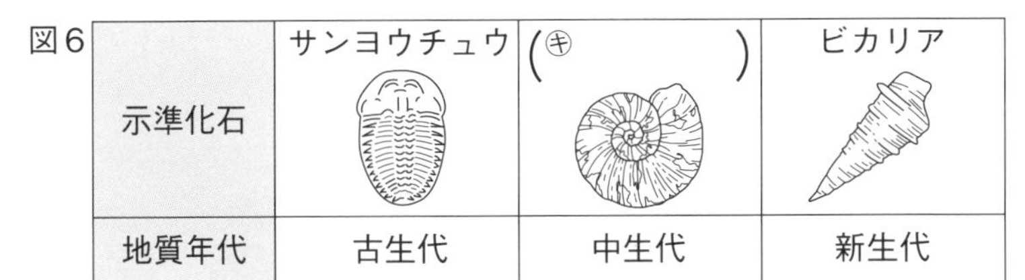

示準化石	サンヨウチュウ	(キ　　)	ビカリア
地質年代	古生代	中生代	新生代

④ 大地の変動

教 p.250～p.259

1 火山や地震とプレート

(1) (⑫　　　　　) 地球の表面を覆(おお)う，十数枚のかたい板。

図7

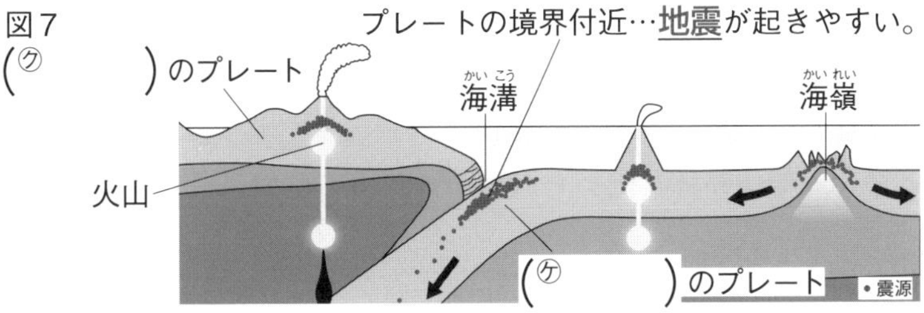

(ク　　)のプレート　プレートの境界付近…**地震**が起きやすい。

海溝(かいこう)　海嶺(かいれい)　火山　(ケ　　)のプレート　•震源

2 自然の恵みと災害

(1) 自然の恵みと災害　火山や地震は大きな被害をもたらすこともあるが，豊かな土壌や湧水，金属資源などの恵みももたらす。

⑧**堆積岩**
流水で運ばれ，堆積したものが固まってできた岩石。

⑨**示相化石**
地層が堆積した当時の環境を知ることができる化石。

⑩**示準化石**
地層が堆積した年代を知ることができる化石。

⑪**地質年代**
化石のちがいなどから決められる地球の時代区分。古生代，中生代，新生代など。

⑫**プレート**
地球の表面を覆っている十数枚のかたい板。日本付近はプレートの境界が集まっていて，海のプレートが陸のプレートの下に沈みこんでいる。

ポイント

陸のプレートが海のプレートに引きずりこまれると，ひずみがたまる。ひずみが限界に達して陸のプレートがはね上がると，海溝型地震が起こる。

テストに出る！
予想問題
3章　地層－①
4章　大地の変動－①

30分　/100点

よく出る **1** 右の図は，地層のでき方を模式的に表したものである。これについて，次の問いに答えなさい。
3点×6〔18点〕

(1) 図の海底の堆積物は，A地表の岩石が気温の変化や風などのはたらきによって，長い年月をかけてもろくなり，流水のはたらきによって削られ，B川などの水によって土砂が流されたものである。

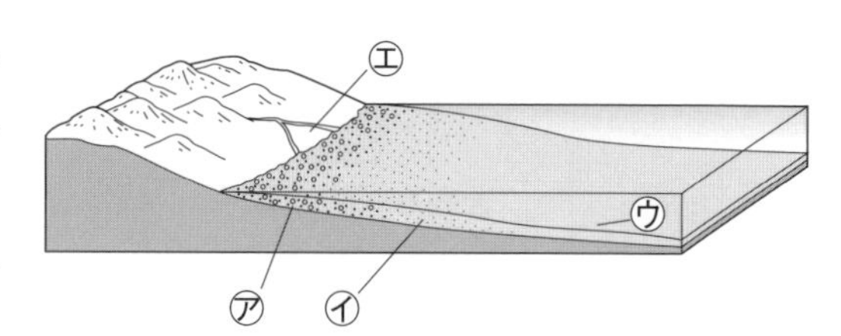

① 下線部Aの現象や下線部Bの水のはたらきを，それぞれ何というか。
A（　　　　　　）　B（　　　　　　）

② 川などの水によって流されたものは，水の流れがどのような場所で堆積するか。
（　　　　　　　　　　）

(2) 図の㋐〜㋒の堆積物のうち，粒の大きさが最も小さいものと最も大きいものはどれか。それぞれ記号で答えなさい。　最も小さいもの（　　）　最も大きいもの（　　）

(3) 図の㋓のような，土砂の堆積によって河口付近にできる三角形の土地を何というか。
（　　　　　　）

2 下の図は，地層から採取した岩石をスケッチしたものである。これについて，あとの問いに答えなさい。
4点×9〔36点〕

A	B	C	D	E	F
岩石をつくっている粒の大きさは2mm以上であった。	岩石をつくっている粒の大きさは2〜0.06mmであった。	岩石をつくっている粒の大きさは0.06mm以下であった。	生物の死がいなどからできていて，うすい塩酸をかけたら気体が発生した。	生物の死がいなどからできていて，うすい塩酸をかけても気体が発生しなかった。	火山灰などが固まってできたもので粒が角ばっていた。

(1) A〜Fの岩石をそれぞれ何というか。
A（　　　　　　）　B（　　　　　　）　C（　　　　　　）
D（　　　　　　）　E（　　　　　　）　F（　　　　　　）

(2) A〜Fの岩石のような，堆積物が押し固められてできた岩石を何というか。
（　　　　　　）

(3) Dの岩石にうすい塩酸をかけたときに発生した気体は何か。　（　　　　　　）

記述 (4) DとEの岩石をこすり合わせると，Dの岩石にだけ傷がついた。このことから，どのようなことがわかるか。
（　　　　　　　　　　　　　　　　　　　　）

よく出る **3** 下の図１はサンゴの化石，図２は年代を調べるのに役立つ化石である。これについて，あとの問いに答えなさい。　3点×6〔18点〕

図１

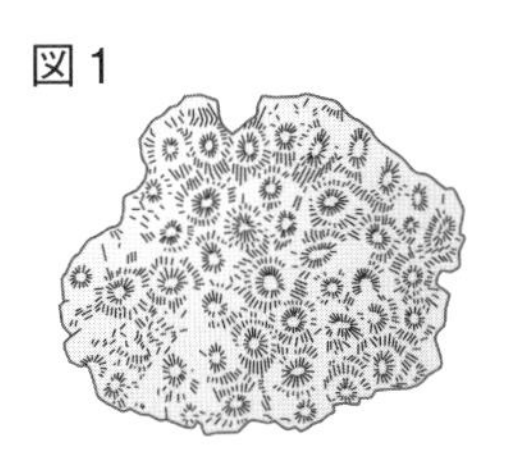

図２

A

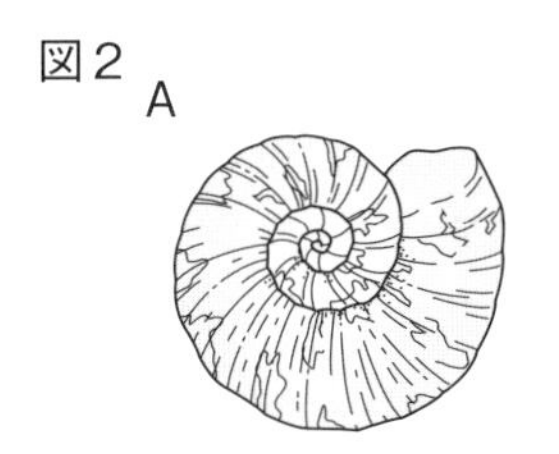

B

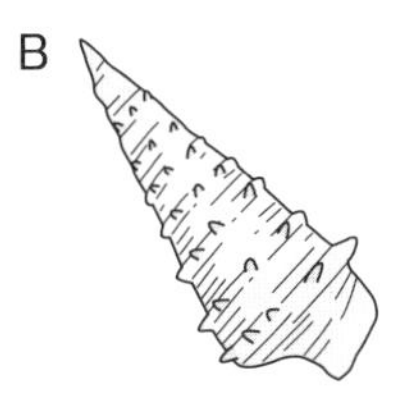

C

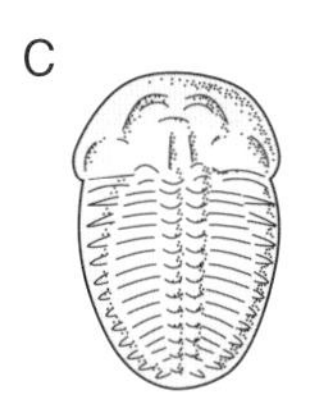

(1)　図１のサンゴの化石からは，堆積した当時の環境を知ることができる。このような化石を何というか。　(　　　　　)

(2)　サンゴの化石が含まれる地層は，どのような環境で堆積したか。次の**ア**～**オ**から選びなさい。　(　　)

ア　あたたかくて深い海　　**イ**　あたたかくて浅い海　　**ウ**　冷たくて深い海

エ　冷たくて浅い海　　**オ**　湖や河口

(3)　図の**A**～**C**は，それぞれ何の化石か。

A(　　　　　)　**B**(　　　　　)　**C**(　　　　　)

(4)　図２の化石のように，地層が堆積した年代を調べるのに役立つ化石を何というか。　(　　　　　)

4 右の図は，あるがけに見られる地層をスケッチしたものである。これについて，次の問いに答えなさい。ただし，この地域の地層にしゅう曲は見られないものとする。　4点×7〔28点〕

(1)　図の地層ができる間に，少なくとも何回の火山活動が起こったと考えられるか。　(　　　　　)

(2)　図の**A**～**F**のうち，最も古い時代に堆積したと考えられる層はどれか。　(　　)

(3)　図の**B**，**D**，**E**，**F**のうち，最も海岸近くで堆積したと考えられる層はどれか。　(　　)

(4)　図の**E**の層からナウマンゾウの歯が見つかった。このことから，**E**の層ができた年代として適当なものを次の**ア**～**ウ**から選びなさい。　(　　)

ア　古生代　　**イ**　中生代　　**ウ**　新生代

(5)　古生代，中生代，新生代などの年代を何というか。　(　　　　　)

(6)　次の文の(　)にあてはまる言葉を書きなさい。

①(　　　　　)　②(　　　　　)

A 火山灰
B 砂
C 火山灰
D 砂と泥
E 砂
F 砂とれき

海底で堆積した地層を陸上で見ることができるのは，大地が(　①　)したためである。このような変化は，地球の表面を覆う(　②　)の運動などによって起きる。

テストに出る!

予想問題　3章　地層－②　4章　大地の変動－②

30分　/100点

1 堆積岩について，次の問いに答えなさい。　4点×7〔28点〕

(1) 主に火山灰や軽石などでできた堆積岩を何というか。　(　　　)

(2) れき岩と砂岩は，何によって分けられているか。　(　　　)

(3) チャートは何が堆積したものか。次のア～エから選びなさい。　(　　)

ア　れき　　イ　泥　　ウ　溶岩　　エ　生物の死がい

(4) 石灰岩とチャートにうすい塩酸をかけたとき，気体が発生するのはどちらか。

(　　　)

(5) (4)で発生した気体は何か。　(　　　)

記述 (6) れき岩，砂岩，泥岩をつくる粒の形にはどのような特徴があるか。

(　　　　　　　　　　　　　　)

記述 (7) れき岩，砂岩，泥岩をつくる粒の形に(6)のような特徴があるのはなぜか。

(　　　　　　　　　　　　　　)

2 下の図は，さまざまな地層から発掘された化石である。これについて，あとの問いに答えなさい。　4点×5〔20点〕

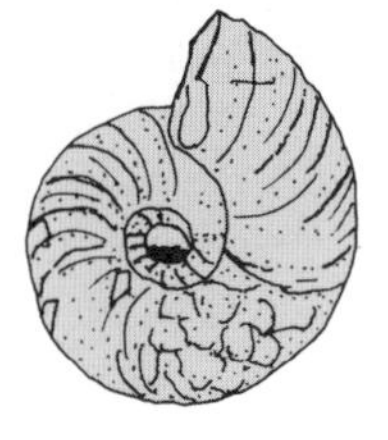

A

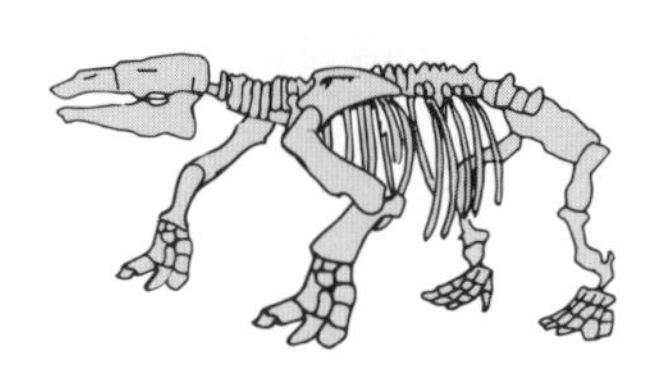

デスモスチルス

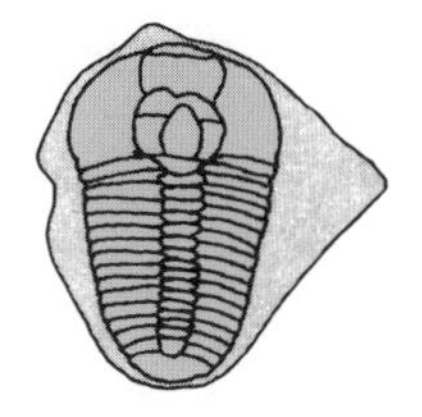

サンヨウチュウ

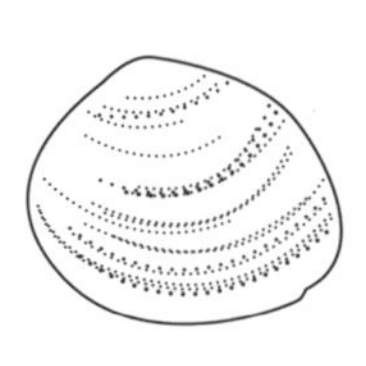

シジミ

(1) Aは何の化石か。　(　　　)

(2) デスモスチルスとサンヨウチュウの化石は，どの時代のものか。次のア～ウからそれぞれ選びなさい。　デスモスチルス(　　)　サンヨウチュウ(　　)

ア　古生代　　イ　中生代　　ウ　新生代

(3) デスモスチルスやサンヨウチュウのような，地層が堆積した年代を示す化石として適しているのはどんな生物か。次のア～エから選びなさい。　(　　)

ア　現在も生息していて，特定の地域にのみ生息している生物。

イ　現在も生息していて，広い範囲に生息している生物。

ウ　ある時代の，特定の地域にのみ生息していた生物。

エ　ある時代の，広い範囲に生息していた生物。

(4) シジミの化石が見つかった地層は，堆積した当時，どのような環境だったと考えられるか。　(　　　　　)

よく出る **3** 下の図は，さまざまに変形した地層を模式的に表したものである。これについて，あとの問いに答えなさい。②，③の ➡ は，地層のずれる方向を表している。 3点×8〔24点〕

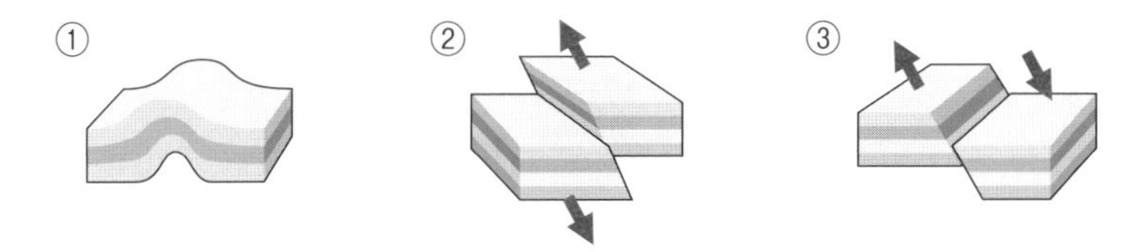

(1) ①のように，地層が波を打ったように押し曲げられたものを何というか。
( )

(2) ②，③のように，地層が切れてずれることによってできたくいちがいを何というか。
( )

(3) ①～③のような地層は，どのような力によってできるか。次のア，イからそれぞれ選びなさい。 ①( ) ②( ) ③( )

ア 横から押す力 イ 横に引っ張る力

(4) 地層の広がりを調査するときに，目印となる層を何というか。 ( )

(5) (4)の層に適しているのはどのような層か。次のア～エから選びなさい。 ( )

ア 厚く堆積した地層 イ 薄く堆積した地層
ウ 広い範囲で見られる地層 エ 狭い範囲で見られる地層

(6) (4)の層となりやすいのは，何でできている地層か。次のア～エから選びなさい。( )

ア れき イ 砂 ウ 泥 エ 火山灰

よく出る **4** 右の図は，地球の表面を覆うプレートのようす(日本の東北地方)を模式的に表したものである。これについて，次の問いに答えなさい。 4点×7〔28点〕

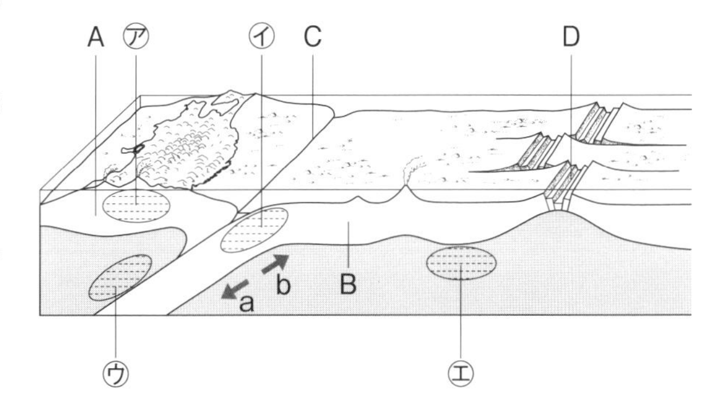

(1) 陸のプレートは図のA，Bのどちらか。 ( )

(2) Bのプレートは，a，bどちらの向きに動いているか。
( )

(3) C，Dのような海底の地形を，それぞれ何というか。

C( )
D( )

(4) マグニチュードが大きな地震が最も多く発生するのは㋐～㋓のどこか。 ( )

記述 (5) (4)の場所で地震が発生するしくみを簡単に書きなさい。
( )

記述 (6) 日本のまわりは，世界でも有数の火山や地震の多い国である。日本のまわりに火山や地震が多いのはなぜか。
( )

解答 p.16

巻末特集　教科書で学習した内容の問題を解きましょう。

① 動物の分類 教 p.61　図１は，いくつかの無脊椎動物の特徴をまとめたもの，図２は，ある動物の体のつくりを模式的に表している。これについて，あとの問いに答えなさい。

図１

	A	B	C	D	E
体のつくり	外とう膜で覆われている。	外骨格で覆われている。	外とう膜で覆われている。	外骨格で覆われている。	外骨格で覆われている。
あしの数とつくり	10本 節がない。	10本 節がある。	8本 節がない。	8本 節がある。	6本 節がある。
生活場所	水中	水中	水中	陸上	陸上

図２

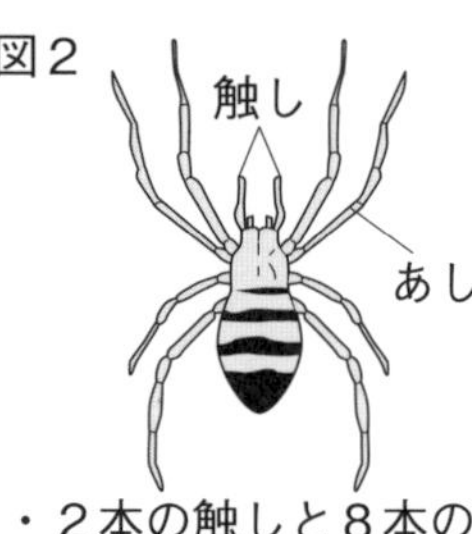

・２本の触しと８本のあしがある。
・陸上にすむ。

(1)　表の動物をある観点で「A，C」「B，D，E」の２つのグループに分けた。どのような観点で分けたと考えられるか。（　　　　）

(2)　図２の動物は，A～Eのどの動物と同じグループだと考えられるか。（　　）

記述 (3)　(2)のように考えられる理由を書きなさい。

（　　　　）

② 水溶液の濃度 教 p.126　右の表は，100gの水に溶ける硝酸カリウムの質量を表したものである。次の問いに答えなさい。ただし，計算が割り切れないときは小数第２位を四捨五入して小数第１位まで求めなさい。

100ｇの水に溶ける硝酸カリウムの質量

水の温度〔℃〕	0	20	40
硝酸カリウム〔ｇ〕	13.3	31.6	63.9

(1)　40℃の水100gに硝酸カリウム45gを加えてかき混ぜた。この水溶液の質量パーセント濃度は何％か。（　　）

(2)　(1)の水溶液を０℃に冷やすと，何ｇの硝酸カリウムが出てくるか。（　　）

(3)　０℃に冷やした(1)の水溶液100gには，何ｇの硝酸カリウムが溶けているか。

（　　）

作図 **③ 光の反射** 教 p.144　右の図のAに置いた物体の像をBの位置から見た。これについて，次の問いに答えなさい。

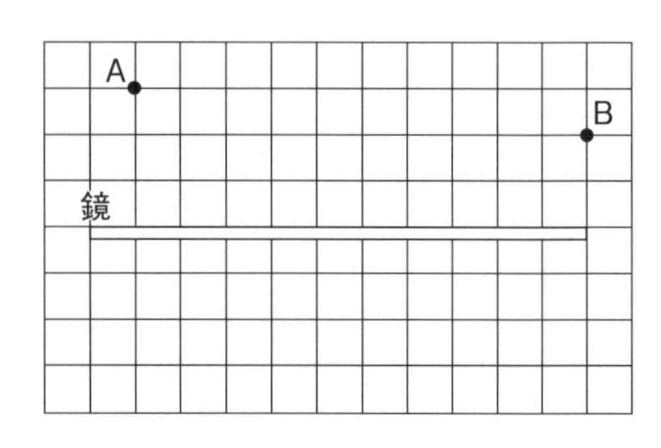

(1)　物体の像はどこにできるか。右の図に×印でかきなさい。

(2)　物体をBの位置で像を見たとき，進んできた光をどのように見ているか。作図しなさい。

中間・期末の攻略本

解答と解説

取りはずして使えます!

大日本図書版　理科1年

単元1　生物の世界

1章　身近な生物の観察
2章　植物のなかま(1)

p.2～p.3　ココが要点

①双眼実体顕微鏡　②鏡筒　③調節ねじ
④視度調節リング
㋐鏡筒　㋑接眼レンズ　㋒視度調節リング
㋓対物レンズ　㋔調節ねじ
⑤がく　⑥花弁　⑦おしべ　⑧めしべ
⑨離弁花　⑩合弁花
㋕がく　㋖花弁　㋗おしべ　㋘めしべ
⑪柱頭　⑫子房　⑬やく
㋙やく　㋚柱頭　㋛花柱　㋜子房
⑭受粉　⑮果実　⑯種子　⑰種子植物
㋝子房　㋞胚珠　㋟果実　㋠種子

p.4～p.5　予想問題

1 (1)イ　(2)イ
2 (1)㋐接眼レンズ　㋑対物レンズ　㋒視度調節リング　㋓調節ねじ
(2)ウ→ア→イ　(3)ア
3 (1)㋐がく　㋑花弁　㋒おしべ　㋓めしべ
(2)㋐→㋑→㋒→㋓
4 (1)㋐やく　㋑柱頭　(2)㋐　(3)離弁花
(4)ウ，エ
5 (1)胚珠　(2)受粉　(3)㋐種子　㋑果実
(4)虫媒花　(5)べたべたしている。
(6)種子植物

解説

1 (1) ミス注意! 手で持って動かせるものを観察するときは，ルーペを目に近づけて持ち，観察したいものを前後に動かしてピントを合わせる。
(2)スケッチをするときは，目的とするものだけを１本の線ではっきりとかく。スケッチだけでなく，気づいたことは，ことばでメモもしておく。
2 (3)双眼実体顕微鏡の倍率は数十倍と高くないが，観察したいものを立体的に見ることができる。
3 (1) 参考 ツツジは，５枚の花弁がくっついている合弁花である。
(2) ポイント 花は，外側からがく，花弁，おしべ，めしべの順になっている。
4 (1)(2)おしべの先の花粉が入っている部分をやくという。めしべは，㋑の柱頭，㋒の花柱，㋓の子房の３つの部分からできている。
(3)花弁が互いに離れている花を離弁花，くっついている花を合弁花という。
5 (1)子房の中にある，小さな粒のような部分が胚珠である。
(3) ポイント 受粉が行われると，㋐の胚珠は種子に，㋑の子房は果実になる。
(5) 参考 虫媒花の花粉は，べたべたしていて，虫の体につきやすくなっている。また，花は，目立つ色や形をしているものが多い。対照的に，風媒花の花粉は，さらさらしていて小さく軽いので風で飛びやすく，また，花は目立たない色や形をしているものが多い。

2章　植物のなかま(2)

p.6～p.7　ココが要点

①葉脈　②網状脈　③平行脈　④主根
⑤ひげ根　⑥根毛
㋐根毛
⑦双子葉類　⑧単子葉類　⑨子房　⑩胚珠

⑪花粉のう
㋑胚珠　㋒花粉のう
⑫裸子植物　⑬被子植物

p.8～p.9 予想問題

1 (1)子葉
(2)㋑…ひげ根　㋒…側根　㋓…主根
(3)双子葉類　(4)根…B　葉脈…C
(5)単子葉類　(6)根…A　葉脈…D
(7)イ，エ

2 (1)根毛
(2)土の隙間に広がることができる。

3 (1)A　(2)B　(3)㋓　(4)花粉のう
(5)㋑　(6)胚珠　(7)エ

4 (1)記号…㋒　名前…子房
(2)アブラナの胚珠は子房の中にあるが，マツの胚珠はむき出しになっている。
(3)被子植物　(4)裸子植物
(5)ア，エ　(6)㋒

解説

1 (1)植物の芽生えで最初に出る葉を子葉という。
(3)(4) ポイント 双子葉類の根は太い主根とそこから出る細い側根からなり，葉の葉脈は網目状の網状脈である。
(5)(6) ポイント 単子葉類の根は細いひげ根で，葉の葉脈は平行脈である。
(7) 参考 イネとツユクサは単子葉類で，ホウセンカとヒマワリは双子葉類である。イチョウは，裸子植物で，単子葉類や双子葉類を含む被子植物ではない。

2 (2)根毛は根の先端近くに見られる。根毛はとても細いので，土の隙間に入りこんで広がり，効率よく水などをとり入れることができる。

3 (1)(2) ミス注意! マツはのびた枝の先に新しい雌花がつくので，今年の雌花はC，1年前（受粉してから1年後）の雌花はA，2年前（受粉してから2年後）の雌花はB。Dは雄花である。
(3)(4)花粉は，雄花（D）のりん片にある花粉のう（㋓）に入っている。
(7)マツは，雌花（C）の胚珠（㋑）に花粉がついて受粉すると，種子になる。マツの花には，がくや柱頭，花弁はない。

4 (1) ポイント 胚珠を包む子房は，アブラナなどの被子植物にはあるが，マツなどの裸子植物にはない。
(3)アブラナのように，胚珠が子房の中にある植物を被子植物という。
(4)マツのように，胚珠がむき出しになっている植物を裸子植物という。
(5) 参考 ソテツとイチョウは裸子植物である。エンドウ，トウモロコシ，サクラは被子植物で，このうち，エンドウとサクラは双子葉類，トウモロコシは単子葉類である。
(6) ポイント 受粉後，子房は果実に，胚珠は種子になる。マツには子房がないので，果実はできない。

2章　植物のなかま(3)

p.10～p.11 ココが要点

①胞子　②胞子のう
㋐胞子のう　㋑胞子　㋒胞子のう　㋓胞子
㋔雄株　㋕雌株　㋖胞子のう　㋗雄株　㋘雌株
㋙種子　㋚種子植物　㋛コケ植物　㋜胚珠
㋝被子植物　㋞裸子植物　㋟子葉　㋠単子葉類
㋡双子葉類

p.12～p.13 予想問題

1 (1)シダ植物　(2)胞子　(3)胞子のう
(4)A　(5)イ，エ

2 (1)コケ植物　(2)A
(3)㋐胞子のう　㋑胞子　(4)体の表面全体
(5)ない。

3 (1)A…ア　B…エ　C…ウ
(2)①種子植物　③被子植物　④裸子植物
⑤単子葉類
(3)ウ，エ　(4)イ　(5)ア
(6)花弁がくっついている。
(7)グループa…合弁花　グループb…離弁花

解説

1 (1) 参考 胞子でふえる植物のうち，ワラビやスギナなどのなかまをシダ植物という。シダ植物は，種子植物と同じように根，茎，葉の区別がある。
(2)～(4) ポイント シダ植物は種子をつくらず，

胞子でなかまをふやす。胞子は，葉の裏にある胞子のうに入っている。

(5)スギゴケはコケ植物，スギナとゼンマイはシダ植物，スギは裸子植物，イネは被子植物である。

2 (1)(5)胞子でふえる植物のうち，ゼニゴケやスギゴケのなかまをコケ植物という。コケ植物は，種子植物やシダ植物とはちがい，根，茎，葉の区別がない。

(2)ゼニゴケは，胞子をつくらないAの雄株と，胞子をつくるBの雌株に分かれている。

(4)コケ植物は，体の表面全体から水の吸収を行っている。根のように見える仮根は，体を固定するはたらきをしている。

3 (1) ポイント 植物は，さまざまな観点をもとに分類することができる。植物を分類するときは，はじめに大きく分けられる観点で分けてから，順に，小さく分けられる観点で分けていく。まず種子をつくるかどうかで大きく分けることができる。種子をつくる植物については，さらに，胚珠が子房の中にあるか→子葉の数が1枚か，2枚か…と，分けていくことができる。

(2) 参考 分類するときは，大きく分けた後にさらに小さく分けていくので，単子葉類の植物は，被子植物でもあり，種子植物でもある。

(3)②にあてはまるのは，シダ植物とコケ植物である。ツツジは双子葉類，ソテツは裸子植物，ゼンマイはシダ植物，ゼニゴケはコケ植物，トウモロコシは単子葉類である。

(5)⑤は単子葉類である。単子葉類は，子葉が1枚，葉脈が平行になっている平行脈，根はたくさんの細い根が広がっているひげ根になっているといった特徴がある。

(6)(7)アサガオやタンポポは花弁がくっついている合弁花，アブラナやエンドウは花弁が離れている離弁花である。

3章　動物のなかま

p.14～p.15　ココが要点

①脊椎動物　②肺　③えら　④うろこ　⑤羽毛
⑥毛　⑦卵生　⑧胎生　⑨草食動物
⑩肉食動物
㋐犬歯　㋑臼歯　㋒門歯　㋓臼歯
⑪節足動物　⑫外骨格　⑬軟体動物　⑭外とう膜
㋔あし　㋕外とう膜

p.16～p.17　予想問題

1 (1)脊椎動物
(2)①C，D　②B　③E　④A，C
(3)胎生　(4)C
(5)B…両生類　C…は虫類　D…鳥類
E…哺乳類

2 (1)肉食動物
(2)肉を食いちぎったり，骨をかみ砕いたりすること。

3 (1)昆虫類　(2)外骨格　(3)節足動物
(4)ア，ク，ケ，コ　(5)外とう膜
(6)軟体動物　(7)イ，オ，キ

4 (1)ウ，エ，オ
(2)ア，ウ　(3)ウ

解説

1 (2) ポイント ①Aのフナ，Bのカエルは水中に殻のない卵を産む。Cのワニ，Dのニワトリは陸上に殻のある卵を産む。Eのサルは，雌の子宮で子としての体ができてから生まれる。

②Aはえらで，C，D，Eは肺で呼吸する。Bは子のときはえらと皮ふで，成長すると肺と皮ふで呼吸をする。

④AとCは体がうろこで覆われている。Bはうろこがなく，皮ふが湿っている。Dの体は羽毛で，Eの体は毛で覆われている。

2 (1)(2) ポイント 動物の口は，食べ物に合ったつくりをしている。他の動物を食べる肉食動物は，肉を食いちぎったり，骨をかみ砕(くだ)いたりするのに適したするどい犬歯や臼歯をもつ。

3 (2) 参考 外骨格は大きくならないので，節足動物は古い外骨格を脱(ぬ)ぎ捨てる脱皮をくり返すことで成長する。

(3)(4) ポイント 節足動物には，昆虫類（バッタやチョウなど），甲殻類（エビやカニなど），クモ類，ムカデ類，ヤスデ類などが含まれる。

(6)(7) ミス注意！ タコやマイマイ，アサリなどの軟体動物は，背骨も外骨格ももたない。体に節がなく，やわらかいあしは，筋肉のはたらきで動く。

4 (1) ポイント 動物は，背骨があるかどうかで大きく2つに分けることができる。背骨がある動物を脊椎動物，背骨がない動物を無脊椎動物という。

(2)観察カードに書かれている特徴は，は虫類のトカゲと，鳥類のハトにあてはまる。

(3) 参考 は虫類の体の表面はかたいうろこに覆われ，鳥類の体の表面は羽毛に覆われている。体の特徴以外にも，は虫類は親の世話がなくても子がかえるものが多いのに対して，鳥類は親が卵をあたためてかえすなどのちがいがある。

単元2　物質のすがた

1章　いろいろな物質

p.18～p.19 ココが要点

㋐メスシリンダー

①元栓　②ガス調節ねじ　③空気調節ねじ

㋑空気調節ねじ　㋒ガス調節ねじ

④沸騰石　⑤物質　⑥有機物　⑦無機物

⑧非金属　⑨質量　⑩密度

p.20～p.21 予想問題

1 (1)有機物

(2)集気瓶に石灰水を入れて振る。

(3)二酸化炭素

(4)燃えると水が発生すること。

(5)A…砂糖　B…食塩　C…片栗粉

2 (1)㋐空気調節ねじ　㋑ガス調節ねじ

(2)エ→ウ→イ→ア　(3)㋐　(4)青色

3 (1)ア，ウ　(2)ア　(3)ア，ウ

(4)非金属

4 (1)65.0mL　(2)15.0cm^3　(3)8.96g/cm^3

(4)銅　(5)54g　(6)銀

解説

1 (1) 参考 砂糖や片栗粉（でんぷん）のように炭素を含む物質を有機物，食塩のように炭素を含まない物質を無機物という。ただし，炭素を含む物質には炭素や二酸化炭素もあるが，これらは有機物とはいわない。

(2)～(4)有機物は，加熱すると燃えて二酸化炭素が発生する。火が消えた後の集気瓶に石灰水を入れて振ると，発生した二酸化炭素が石灰水に溶けて，白くにごる。

(5)Aは有機物で水に溶けるので砂糖，Bは無機物で水に溶けるので食塩，Cは有機物で水に溶けないので片栗粉である。

2 (2) ミス注意！ ガスバーナーに点火するときは，マッチに火をつけてからガス調節ねじを開く。先にガス調節ねじを開くと，まわりに広がったガスに引火して危険である。

(4)炎は青色になるように調節する。

3 (1)(2) ポイント 金属は，電気をよく流す性質を共通してもつが，磁石につくのは，鉄など一

部の物質に特有の性質である。

(3)鉄，アルミニウムは金属，ガラス，プラスチックは非金属である。

4 (1) ミス注意! メスシリンダーは，最小目盛りの$\frac{1}{10}$まで読むので，この場合は65mLではなく，65.0mLである。

(2)物体Aの体積は，水に物体Aを入れる前後の体積の差になるので，

$65.0〔mL〕-50.0〔mL〕=15.0〔mL〕=15.0〔cm^3〕$

(3) ポイント 密度は$\frac{物質の質量〔g〕}{物質の体積〔cm^3〕}$で求められるので，$\frac{134.4〔g〕}{15.0〔cm^3〕}=8.96〔g/cm^3〕$

(5)アルミニウムの密度は$2.70g/cm^3$なので，$20cm^3$のアルミニウムの質量は，

$20〔cm^3〕\times 2.70〔g/cm^3〕=54〔g〕$

(6) ミス注意! 同じ質量で比べた場合，密度の大きいものほど体積が小さくなる。

2章　気体の発生と性質

p.22～p.23　ココが要点

①水上置換法　②下方置換法　③上方置換法

㋐大きい　㋑小さい　㋒水上置換法

㋓下方置換法　㋔上方置換法

④酸素　⑤過酸化水素水　⑥二酸化炭素

⑦塩酸　⑧窒素　⑨水素　⑩アンモニア

p.24～p.25　予想問題

1 (1)A…エ　B…カ

(2)A…イ　B…オ

(3)水上置換法　(4)ア

(5)水に溶けにくい性質　(6)イ

2 (1)㋐窒素　㋑酸素　(2)ア

3 (1)A…ア　B…オ

(2)爆発的に燃える。

(3)水

4 (1)(少量の)水

(2)無色→赤色　(3)アルカリ性

5 (1)㋐水　㋑密度

(2)A…下方置換法　B…上方置換法

C…水上置換法

(3) エ

解説

1 (1) 参考 二酸化マンガンにオキシドール(うすい過酸化水素水)を加えると，酸素が発生する。二酸化マンガンはオキシドールから酸素が発生するのを速くするはたらきをするが，二酸化マンガンそのものは変化しない。

(2) ミス注意! 石灰石にうすい塩酸を加えると，二酸化炭素が発生する。石灰水は二酸化炭素の有無を調べるときに使う液体で，二酸化炭素を発生させることはできない。

(3)(5) ポイント 水上置換法は，水に溶けにくい気体を集めるときに用いられる。二酸化炭素は水に少し溶けるが，その量が多くないので，下方置換法のほかに，水上置換法でも集めることができる。

(6)酸素はものを燃やすはたらきをもつが，気体そのものが燃えるわけではない。

2 (1)空気中に体積の割合で約78%含まれているのは窒素，約21%含まれているのは酸素である。

(2)窒素は，無色透明で，水に溶けにくく，燃えない気体である。

3 (1) 参考 水素は，うすい塩酸に亜鉛やアルミニウム，鉄などの金属を入れると発生する。

(2)(3)水素は，酸素と混ざり，火を近づけると爆発的に燃えて，水ができる。

4 (1)塩化アンモニウム，水酸化ナトリウム，水の順に試験管へ入れる。入れる順番を変えてしまうと，大量にアンモニアが発生してしまい，飛び散ったりする危険性がある。

(2)(3) ポイント アンモニアが水に溶けると，アルカリ性のアンモニア水になる。フェノールフタレイン液は，酸性と中性では無色，アルカリ性では赤色になる。

参考 アンモニアは非常に水に溶けやすい気体なので，フラスコに入ったアンモニアは，ろ紙に含まれた水にどんどん溶けてしまう。フラスコ内のアンモニアがろ紙の水に溶けると，フラスコ内はほとんど気体のない状態になり，ビーカーの液が吸い上げられて噴水(ふんすい)になる。

5 (1)(2) ポイント 水に溶けやすく空気より密度が大きくて重い気体は下方置換法，水に溶けに

くい気体は水上置換法で集める。
(3)Bの上方置換法は，水に溶けやすく空気より密度が小さいアンモニアを集めるのに適している。酸素や窒素は水に溶けにくいので，水上置換法で集める。二酸化炭素は，水に少し溶けるが，空気より密度が大きいので，上方置換法か水上置換法で集める。

3章　物質の状態変化

p.26～p.27　ココが要点

①状態変化　②体積　③質量
㋐小さくなる（減る，変化する）
㋑大きくなる（増える，変化する）
④密度
㋒固体　㋓液体
⑤沸点　⑥融点
㋔沸点（100℃）　㋕融点（0℃）　㋖固体
㋗液体　㋘気体
⑦純粋な物質　⑧混合物　⑨蒸留
㋙エタノール

p.28～p.29　予想問題

1 (1)状態変化
(2)大きくなる。（増える。）
(3)変化しない。　(4)大きくなる。
(5)B　(6)A
(7)大きくなる（増える）。

2 (1)A…ア　B…エ　C…イ
D…オ　E…ウ
(2)名称…融点　温度…0℃
(3)名称…沸点　温度…100℃

3 (1)約43℃（42℃も可）　(2)融点
(3)㋑　(4)液体
(5)変化しない。

4 (1)①㋐　②エタノール
(2)イ　(3)蒸留

解説

1 (1)物質が温度によって固体⇄液体⇄気体と変化することを状態変化という。
(2)ろうなど，多くの物質では，固体から液体に変化するときに体積が大きくなる。
(3) ポイント 物質の状態変化では，体積は変化するが質量は変化しない。
(4) ミス注意！ 液体のろうが固体に変化すると，質量は変わらずに体積が小さくなるので，密度は大きくなる。
(5)液体のろうが固体に変化すると，体積が減るため，ろうの中心がへこむ。
(6)物質をつくる粒子の運動は，固体→液体→気体と変化するとともに，激しくなる。
(7) ミス注意！ 一般に，液体から固体に物質の状態が変化すると，体積は減る。しかし，水は例外的に，液体の水が固体の氷に状態が変化すると，体積が増える。

2 (1) ポイント 水のような純粋な物質では，状態変化が起こる融点や沸点では温度が一定になる。融点では，固体と液体が，沸点では液体と気体が混じった状態になる。
(2)(3)融点や沸点は物質によって決まっている。水の融点は0℃，沸点は100℃である。

3 (1)メントールは純粋な物質なので，固体から液体へと状態変化が始まると，温度が一定になる。
(2)温度が一定になっている㋑の温度が融点である。
(3)(4)㋐では，メントールは固体のまま温度が上昇している。㋑の温度で固体が液体へと変化し始め，温度が一定になっている部分では固体と液体が混じり合った状態になっている。その後，さらに加熱を続けると，固体がすべて液体になり，㋒では，液体だけの状態になる。
(5)融点は物質ごとに決まっているので，メントールの量を変えても融点は変化しない。

4 (1)(2) ポイント エタノールの沸点は約78℃，水の沸点は100℃なので，エタノールを多く含む気体が先に出てくる。よって，エタノールを多く含む順に㋐→㋑→㋒となり，燃えたのは試験管㋐の液体だとわかる。
(3)液体を熱して沸騰させ，出てくる気体を冷やして再び液体をとり出すことを蒸留という。液体の混合物を蒸留すると，沸点の低い順に気体となって出てくるので，それぞれの物質に分けることができる。

4章　水溶液

p.30～p.31　ココが要点

①水溶液　②溶質　③溶媒　④溶解　⑤溶液
㋐溶媒　㋑透明　㋒均一　㋓均一
⑥ろ過
㋔ガラス棒　㋕ろうと　㋖ろ紙
⑦溶解度　⑧飽和　⑨飽和水溶液　⑩結晶
⑪再結晶
㋗溶解度曲線　㋘再結晶
⑫質量パーセント濃度

p.32～p.33　予想問題

1　(1)水溶液　(2)青色　(3)透明
(4)ない。

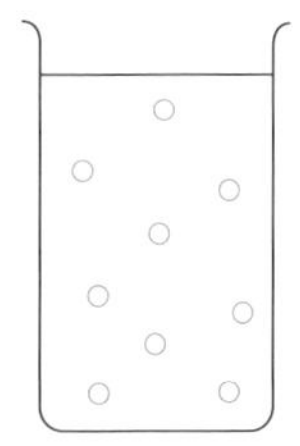
(6)イ

2　(1)水　(2)イ
(3)125g　(4)20%
(5)10g　(6)125g

3　(1)水の温度を上げる。
(2)塩化ナトリウム　(3)20g
(4)溶解度　(5)飽和水溶液
(6)塩化ナトリウム　(7)ミョウバン
(8)再結晶

4　(1)63.9g　(2)㋑　(3)16.1g
(4)32.3g

解説

1　(1)～(4) **ポイント** 水に物質が溶けると，かき混ぜなくても全体に広がり，透明で，全体の濃さが均一な水溶液になる。
(5)(6) **参考** 水に溶けた粒子は，水溶液全体に均一に広がる。このような，粒子が自然に散らばっていく現象を拡散という。拡散し，均一に広がった溶媒は，時間がたっても均一なままで，下の方や上の方に集まることはない。

2　(1)食塩水の溶媒は水，溶質は食塩である。
(2)(3)溶液の質量は，溶媒の質量＋溶質の質量なので，100〔g〕＋25〔g〕＝125〔g〕
(4)質量パーセント濃度〔%〕は，
$\frac{\text{溶質の質量〔g〕}}{\text{水溶液の質量〔g〕}} \times 100$で求められる。
$\frac{25〔g〕}{125〔g〕} \times 100 = 20$
(5)この食塩水の質量パーセント濃度は20%なので，$50〔g〕 \times \frac{20}{100} = 10〔g〕$
(6)水を加えた後の水溶液の質量をxgとすると，
$x〔g〕 \times \frac{10}{100} = 25〔g〕$
$x = 250$
よって，加える水の質量は，
250〔g〕－125〔g〕＝125〔g〕

3　(1)グラフから，水の温度が上がると溶ける物質の量が増えることがわかる。多くの物質では，温度が高い方が溶解度は大きくなる。
(3)60℃の水100gに溶ける硫酸銅は約80gであるから，60℃の水25gに溶ける硫酸銅は，
$80〔g〕 \times \frac{25〔g〕}{100〔g〕} = 20〔g〕$
(5) **参考** 飽和とは，「最大限度まで満たされている」という意味である。飽和水溶液の他に，２年生では，空気中に含むことができる水蒸気を表す飽和水蒸気量について学習する。
(6) **ポイント** 塩化ナトリウムは，温度による溶解度の差がほとんどないので，温度を下げても結晶はほとんど出てこない。
(7)温度による溶解度の差が，出てくる結晶の量になる。ミョウバンは，60℃で約60g，20℃で約11gと差が大きいので多くの結晶が出てくるが，塩化ナトリウムは，溶解度があまり変化しないので結晶がほとんど出てこない。

4　(1)40℃の水100gに溶ける硝酸カリウムは63.9gなので，80gの硝酸カリウムを入れてかき混ぜても，63.9g以上は溶けない。
(2)ろ過を行うときは，溶液をガラス棒に伝わらせてろ紙に注ぐ。また，ろうとは，あしの長い方をビーカーの内壁につける。どちらも，液体がこぼれたり飛び散ったりするのを防ぐ意味がある。
(3)溶け残った硝酸カリウムは，

80〔g〕－63.9〔g〕＝16.1〔g〕
(4)ろ液に溶けている硝酸カリウムは63.9g，20℃の水100gの溶解度は31.6〔g〕なので，出てくる結晶は，
63.9〔g〕－31.6〔g〕＝32.3〔g〕
である。

単元３　身近な物理現象

１章　光の性質

p.34～p.35 ココが要点

①光源　②光の直進　③入射角　④反射角
㋐入射角　㋑反射角
⑤像　⑥乱反射　⑦屈折角
㋒屈折角　㋓入射角　㋔屈折角　㋕入射角
㋖屈折角
⑧全反射　⑨焦点　⑩焦点距離
㋗焦点距離　㋘焦点
⑪実像
㋙光軸　㋚実像　㋛小さい　㋜２倍　㋝同じ
⑫虚像
㋞虚像
⑬可視光線

p.36～p.37 予想問題

1 (1)光の直進　(2)光の反射　(3)光の屈折
(4)㋑，㋓
2 (1)図１…㋐　図２…㋑
(2)図１…イ　図２…ウ　(3)ウ　(4)エ
3 (1)㋒　(2)イ
4 (1)①焦点　②直進　(2)実像　(3)ウ
(4)イ

解説

1 (4) 参考 空気中からガラスに光が入る場合は，入射角が屈折角より大きくなるので，光は境界面から遠ざかる向きに屈折する。ガラスから空気中に光が出る場合は，入射角が屈折角より小さくなるので，光は境界面に近づく向きに屈折する。図の㋑のように境界面が平行な場合，ガラスに入る光とガラスから出ていく光は平行になる。また，光が鏡に反射する場合，入射角と反射角は等しくなる。
2 (1) ポイント 入射角とは，境界面に垂直な線と入射光がつくる角である。
3 ミス注意！ 人の目は，屈折して進んできた光を直進してきたように感じるので，目から水面までの光の道筋を延長した㋒の位置から光が出ているように見える。このため，棒は実際よりも短く見える。

4 (1) ポイント 凸レンズの光軸に平行に進む光は，屈折して凸レンズを通ってから1点に集まる。この点を焦点という。焦点は，凸レンズの両側に1つずつある。

(2)凸レンズを通った光が集まってできる像を実像という。

(3)物体を焦点に近づけると，実像は凸レンズから遠ざかり，像の大きさは大きくなる。

(4) ミス注意! 物体が焦点より凸レンズに近い位置にあるとき，凸レンズを通して見ると物体より大きい像が見える。これを虚像という。虚像は，物体と上下左右が同じ向きになる。

p.38～p.39 予想問題

1 (1)光の反射 (2)A…反射角 B…入射角
(3)ア (4)反射の法則 (5)乱反射

2 (1)㋑ (2)入射角…㋑ 屈折角…㋒
(3)㋓ (4)図3

3 (1)実像
(2)物体が焦点の位置より遠くにあるとき
(3)物体と同じ
(4)ア (5)小さくなる。 (6)ア

4 (1)

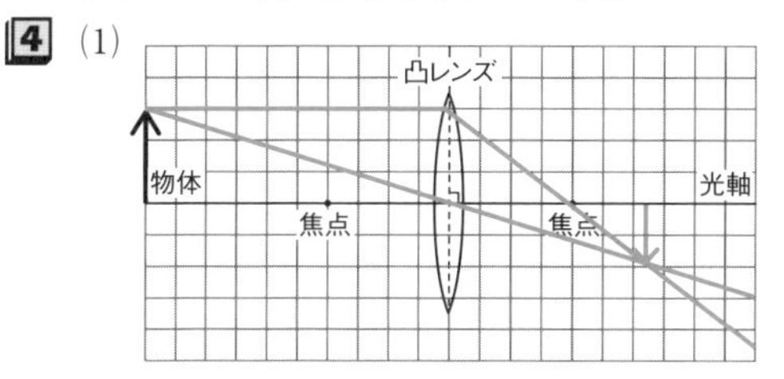

(2)

凸レンズ 物体 光軸 焦点 焦点

(3)虚像

解説

1 (2) ポイント 入射した光と鏡の面に垂直な線とがつくる角を入射角，反射した光と鏡の面に垂直な線とがつくる角を反射角という。

(3)(4)入射角と反射角が等しくなることを反射の法則という。

(5) 参考 ほとんどの物体の表面は凸凹しているので，光は乱反射する。物体を見ることができるのは，乱反射した光が目に届くからである。

2 (1) ミス注意! 境界面に垂直になるように光を入射させると，光は直進する。

(2) ポイント 境界面に垂直な線と入射光との間にできる角を入射角，境界面に垂直な線と屈折光との間にできる角を屈折角という。

(3)ガラスや水などの透明な物体から空気中に光が出るとき，屈折角は入射角よりも大きくなる。

(4) ミス注意! 全反射は，ガラスや水から空気中に光が進むときに起こる。空気中からガラスや水に光が出るときには，全反射は起こらない。

3 (1)(2)図のように，物体が凸レンズの焦点より遠い位置にあるとき，凸レンズの反対側に置いたスクリーンに映る像を実像という。

(3) ポイント 図のように，物体が焦点距離の2倍の位置にあるとき，スクリーンには物体と同じ大きさの実像が映る。

(4)実像は，物体と上下左右が逆になる。

(5)(6) ミス注意! 物体を凸レンズから遠ざけると，実像が映るスクリーンの位置は凸レンズに近づき，像は小さくなる。反対に，物体を凸レンズに近づけると，実像が映るスクリーンの位置は凸レンズから遠ざかり，像は大きくなる。

4 (1)物体が凸レンズの焦点より遠くにあるときは，凸レンズの反対側，下の図の①，②の光が交わる位置に実像ができる。

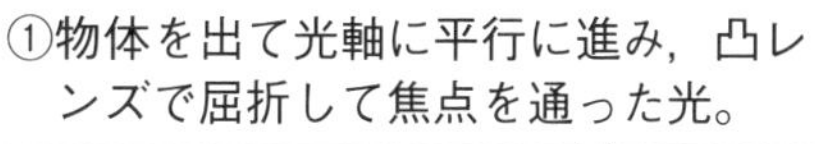

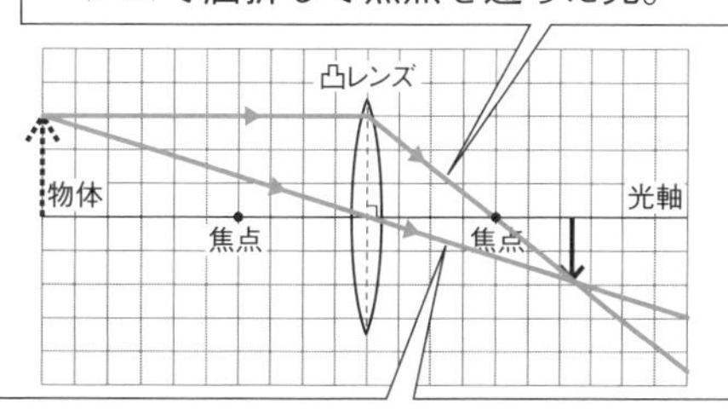

②物体を出て凸レンズの中心を通った光。

(2)(3) ミス注意! 物体が凸レンズの焦点より近くにあるときは，物体と同じ側，下の図の①，②の光の延長線上に，物体より大きな虚像が見える。虚像は，上下左右が物体と同じ向きになる。虚像と光の道筋の延長線は，点線でかくことが多い。

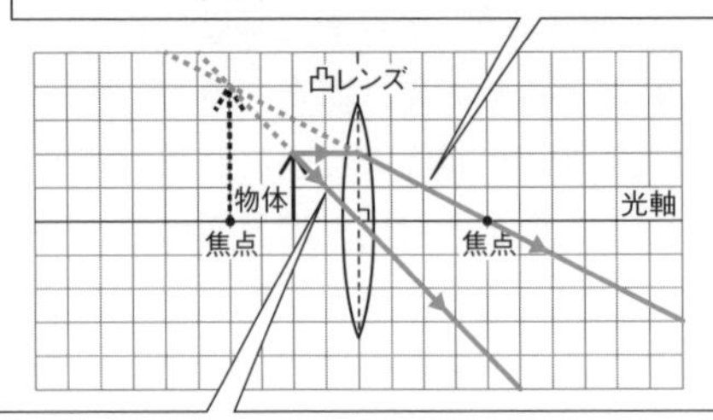

2章　音の性質

p.40～p.41　ココが要点

①音源　②振動
㋐聞こえなく（小さく）　㋑空気　㋒鼓膜
③オシロスコープ　④振幅
㋓大きい　㋔小さい
⑤振動数　⑥ヘルツ
㋕小さい　㋖大きい　㋗振動　㋘振幅

p.42～p.43　予想問題

1　(1)止まる。　(2)ウ　(3)空気
2　(1)聞こえる。　(2)ア
(3)小さくなっていく。　(4)空気
3　(1)ウ　(2)850m
4　(1)㋐a　㋑d　(2)強くはじく。
(3)①短い　②強い　③振動数
5　(1)振幅　(2)㋒　(3)㋐　(4)㋑　(5)㋐

解説

1　(1)音が鳴っているものは振動している。振動を止めると，音も止まる。
(2)図1でAの音さを鳴らすと，音の振動が空気を伝わって，Bの音さが鳴り出す。図2のようにAの音さとBの音さの間に板を置くと，音の振動が伝わりにくくなり，Bの音さの鳴る音が小さくなる。
(3)音はまわりの空気を振動させ，波のように伝わっていく。

2　(1)ブザーの音が容器の中の空気を振動させ，この振動が容器を振動させる。さらに，容器の振動が外の空気を振動させ，耳に伝わる。
(2)容器の中に空気があると，プロペラによって風が起こり，テープがなびく，容器の中の空気を抜いていくと，風が起こらなくなり，テープがなびかなくなる。
(3)(4) **ポイント** 音が伝わるためには，空気などの音の振動を伝える物体が必要である。容器の中の空気を抜いていくと，音を伝えるものが少なくなり，ブザーの音が小さくなっていく。

3　(1) **参考** 音は，空気のような気体だけでなく，水などの液体，金属などの固体の中も伝わる。音が伝わる速さは，物質をつくる粒子の隙間が小さい固体は速く，粒子の隙間が大きい気体は遅い。
(2) **参考** 光の速さは約30万km/sで，音の速さの約100万倍であるため，雷の発生と稲光が目に入るのは同時だとみなすことができる。
340〔m/s〕×2.5〔s〕=850〔m〕

4　(1) **ポイント** ㋐は，弦の長さが短いaの方が，振動数が大きくなり，高い音になる。㋑は，弦を張る力が強いdの方が，振動数が大きくなり，高い音になる。
(2)弦を強くはじくほど，振幅が大きくなり，大きい音が出る。

5　(1)オシロスコープやコンピュータで表される波形は，波の高さが振幅，波の数が振動数を表している。
(2)音の大きさは，振幅によって変わる。Aと同じ音の大きさを示しているのは，Aと振幅が同じ㋒である。
(3)音の高さは，振動数によって変わる。Aと同じ音の高さを示しているのは，Aと振動数が同じ㋐である。
(4)振幅が大きいほど，音は大きいので，最も振幅が大きい㋑が，最も音が大きい。
(5)波の数が最も多い㋐が，最も振動数が大きい。

3章　力のはたらき

p.44～p.45　ココが要点

①弾性力（弾性の力）　②摩擦力
③磁力（磁石の力）
④電気の力　⑤重力
㋐弾性　㋑摩擦　㋒磁

⑥作用点
㋓作用点　㋔大きさ　㋕向き　㋖面
⑦ニュートン　⑧フックの法則
㋗伸び　㋘原点
⑨質量　⑩つり合っている　⑪垂直抗力
㋙垂直抗力　㋚重力

p.46～p.47 予想問題

1 (1)ア，イ　(2)①オ　②ア　③イ　④ウ

2 (1)ニュートン　(2)3 N

(3)

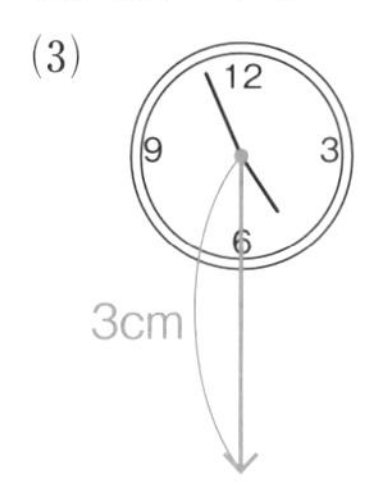

(4)

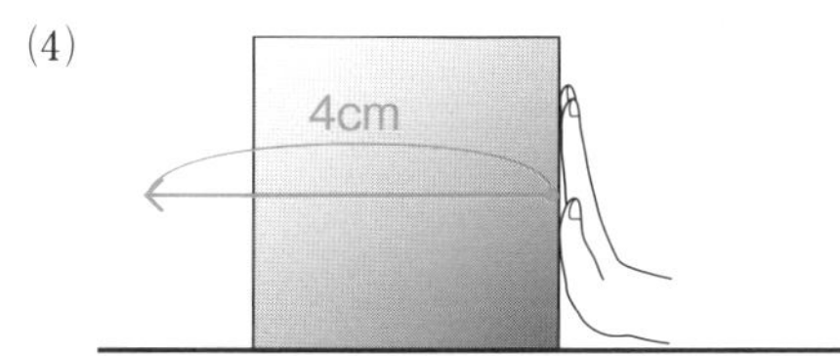

3 (1)ばねA　(2)1 N　(3)5 cm
(4)2.5 N　(5)250g

4 (1)3 N　(2)一直線になっている。
(3)大きさ…等しくなっている。
向き…反対向きになっている。

5 (1)重力
(2)

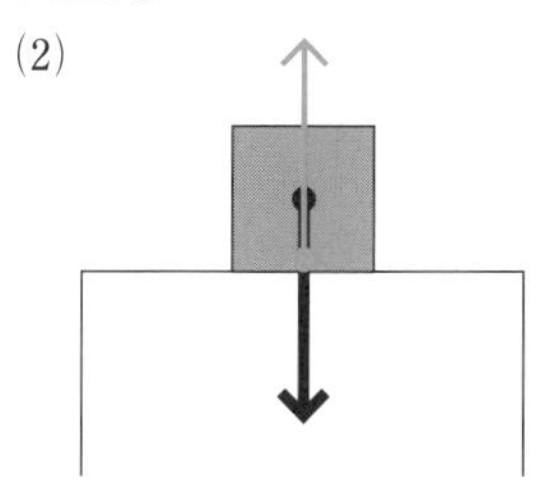

(3)垂直抗力

解説

1 (1)ソフトテニスボールをラケットで打つと，ボールは押しつぶされて変形する。また，ボールははね返されて，動きが変わる。

2 (3) ポイント 重力を表す矢印は，物体の中心を作用点とする。また，壁かけ時計の質量は300gなので，重力の大きさは3 Nである。
(4)手のひらなどの面で押す力を表す矢印は，面の中心を作用点とする。

3 (1)グラフから，力の大きさが同じときのばねの伸びはAの方が大きいことがわかる。
(2)おもり5個の質量は，20〔g〕× 5 = 100〔g〕なので，力の大きさは1 Nになる。
(4)ばねBに1 Nの力を加えたときのばねの伸びは2 cmである。求める力の大きさをx Nとすると，1：2 = x：5　x = 2.5〔N〕

4 (1)(2) ポイント ばねばかりを両側に引くと，どちらのばねばかりも同じ値を示し，一直線になったところでつり合う。
(3)2つの力がつり合っているとき，2つの力の大きさは等しく，一直線上にあり，向きは反対になっている。

5 (2)(3) ミス注意！ 物体が机から受ける力を垂直抗力という。垂直抗力を表す矢印の作用点は，机と物体が接している面の中心になる。矢印が重ならないように，ずらしてかくこともある。

p.48～p.49 予想問題

1 (1)㋐，㋑　(2)㋒，㋔　(3)㋓，㋕
(4)イ，ウ，オ

2 (1)㋐作用点　㋑力の大きさ　㋒力の向き
(2)

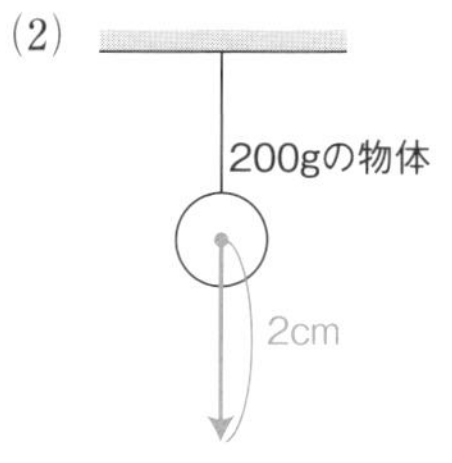

3 (1)2 N
(2)

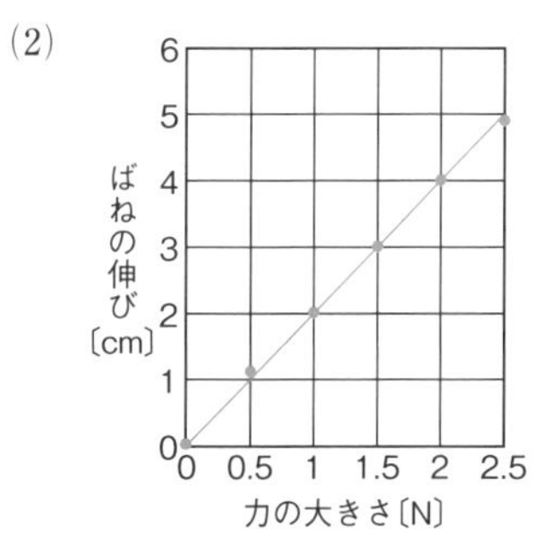

(3)比例（の関係）
(4)フックの法則
(5)2.5cm　(6)1.5 N
(7)もとの長さに戻る。
(8)弾性

4 (1)A…重力　B…垂直抗力　(2)3 N

(3)摩擦力　(4)5 N

解説

1 (1)～(3)力のはたらきは，物体の形を変える，物体の動きを変える，物体を持ち上げたり支えたりする，の3つに分けられる。

(4)地球上の物体が常に地球の中心に向かって引かれる重力や，電気がたまった下敷きなどが紙などを引きつける電気の力は，離れていてもはたらく力である。また，磁石が鉄を引きつけたり，磁石の異なる極どうしが引き合ったり，同じ極どうしが退け合ったりする磁力（磁石の力）も，磁石から離れてもはたらく力である。

2 (1) ポイント 力は，作用点，力の向き，力の大きさの3つの要素を矢印で表す。力の矢印は，力のはたらく点（作用点）を矢印の起点にして，力の向きを矢印の向きにし，矢印の長さを力の大きさに比例した長さにする。

(2) ミス注意！ 質量100gの物体にはたらく重力の大きさが1 Nなので，質量200gの球にはたらく重力の大きさは，2 Nである。重力を力の矢印で表すとき，作用点は物体の中心にする。

3 (1)おもり1個の質量は50gなので，おもり4個の質量は200g。よって，ばねには2 Nの力がはたらく。

(2)(3) ミス注意！ ばねに加える力の大きさとばねの伸びは，比例の関係になっている。比例のグラフは，原点を通る直線のグラフになる。測定結果には誤差が含まれていることがあるので，各点の近くを通るように定規で線を引く。各点を結ぶ折れ線グラフにしてはいけない。

(5)1個25gのおもりを5個，合計125gのおもりをつるすと，ばねには1.25 Nの力が加わる。表やグラフから，このばねは1 Nで2 cm伸びることがわかるので，1.25 Nの力が加わったときのばねの伸びは，

2〔cm〕× 1.25 = 2.5〔cm〕

(6)グラフより，1個50gのおもりの個数が3個（150g）のときにばねの伸びが3.0cmになるので，手がばねに加えた力は1.5 Nである。

(7)(8) 参考 ばねは，力を加えて変形させると，もとに戻ろうとする。このような性質を弾性という。ばねばかりは，ばねの弾性を利用した器具である。

4 (1)(2) ポイント 机の上に置いた物体Xにはたらく A，Bの力のうち，下向きにはたらく力が重力である。重力がはたらいても物体が動かないのは，机の面から，重力と反対向きに，同じ大きさの垂直抗力を受けているからである。このように，1つの物体に2つ以上の力がはたらいて動かない状態を「つり合っている」という。2つの力がつり合っているとき，2つの力の大きさは等しく，一直線上にあり，向きは反対である。

(3)(4)ひもで引いている物体Yが動かないのは，物体と机の面との間に摩擦力がはたらいていて，ひもを引く力と摩擦力がつり合っているからである。

単元4　大地の変化

1章　火山

p.50～p.51　ココが要点

①マグマ　②火山噴出物
㋐弱い　㋑強い　㋒激しい　㋓黒　㋔白
③成層火山　④鉱物　⑤無色鉱物（白色鉱物）
⑥有色鉱物
㋕石英　㋖黒雲母
⑦火成岩　⑧火山岩　⑨深成岩　⑩斑状組織
⑪斑晶　⑫石基　⑬等粒状組織
㋗火山　㋘深成　㋙斑状　㋚等粒状　㋛石基
㋜斑晶　㋝玄武岩　㋞花崗岩
⑭ハザードマップ

p.52～p.53　予想問題

1　(1)マグマ　(2)B　(3)B　(4)B
(5)①A　②B　(6)成層火山

2　(1)マグマ　(2)火成岩　(3)溶岩
(4)軽石
(5)マグマの中の気体成分が抜け出してできた。
(6)火山噴出物　(7)火山灰

3　(1)①ウ　②イ　③ア　④オ　⑤エ
(2)無色鉱物（白色鉱物）
(3)有色鉱物　(4)ア

4　(1)図１…等粒状組織　図２…斑状組織
(2)㋐石基　㋑斑晶
(3)図１…エ　図２…ア
(4)図１…深成岩　図２…火山岩
(5)図１…イ，エ，オ　図２…ア，ウ，カ

解説

1　(1)(2) ポイント マグマのねばりけが強いと溶岩が流れにくいので，Bのような盛り上がった形の火山になる。マグマのねばりけが弱いと溶岩が流れやすいので，Aのような傾斜が緩やかな形の火山になる。
(3)マグマのねばりけの強い火山の溶岩は白っぽい色，マグマのねばりけの弱い火山の溶岩は黒っぽい色をしている。
(4) 参考 マグマのねばりけが強いと，気体成分が抜け出しにくいので，爆発的な噴火になりやすい。マグマのねばりけが弱いと，気体成分が抜け出しやすいので，穏やかに溶岩が流れ出す噴火になることが多い。
(6) 参考 火山砕屑物を出す噴火のあとに溶岩を出す噴火が起こると，崩れやすい火山砕屑物が溶岩によってしっかりと固められる。このような噴火が繰り返されると，富士山のような円錐形の火山ができる。

2　(2) ミス注意！ マグマが冷え固まった岩石を火成岩という。火成岩のうち，地表付近で急速に冷えて固まった岩石を火山岩，地下深くでゆっくりと冷え固まった岩石を深成岩という。
(5)マグマには，水や二酸化炭素などの気体になる成分がとけこんでいる。マグマが地表付近に上昇すると，とけきれなくなった気体成分が気泡となってマグマの外へ出ていき，あとに穴が残る。
(7) 参考 火山灰は，粒が小さいので，風で遠くまで運ばれやすい。

3　(2)(3)①，②のような，無色や白っぽい色の鉱物を無色鉱物（白色鉱物），③～⑤のような，黒色や褐色，緑褐色などの色のついた鉱物を有色鉱物という。
(4)花崗岩，閃緑岩，斑れい岩のうち，無色鉱物の割合が最も多いのは花崗岩である。斑れい岩は，有色鉱物の割合が多い。

4　ポイント 図１のように，同じくらいの大きさの鉱物からなるつくりを等粒状組織といい，マグマが地下深くで長い時間をかけて冷え固まった深成岩に見られる。図２のように，㋐の石基の間に比較的大きな結晶の㋑の斑晶が散らばっているつくりを斑状組織といい，マグマが地表や地表近くで短い時間で冷えて固まった火山岩に見られる。このようなつくりになるのは，急速に冷やされることで，とけていた鉱物が大きな結晶になりきれず，小さな結晶や火山ガラスとなって固まるためである。

2章　地震

p.54～p.55　ココが要点

①震度　②マグニチュード　③震源　④震央
㋐震央　㋑震源

⑤初期微動　⑥主要動　⑦P波　⑧S波
⑨初期微動継続時間
㋒初期微動　㋓主要動　㋔初期微動継続
㋕P波　㋖S波　㋗初期微動継続時間　㋘長く
⑩津波　⑪隆起　⑫沈降　⑬緊急地震速報
⑭津波警報

p.56～p.57　予想問題

1 (1)震央　(2)震度　(3)10段階　(4)B
(5)イ
(6)①マグニチュード　②エネルギー

2 (1)P波　(2)4 km/s
(3)初期微動継続時間　(4)12.5秒
(5)(初期微動継続時間は)長くなる。

3 (1)a…初期微動　b…主要動
(2)ウ　(3)80km　(4)D→B→C
(5)D
(6)震源に近いほど地面の揺れは大きい。

4 (1)ウ　(2)津波
(3)もち上がること…隆起　沈むこと…沈降
(4)緊急地震速報　(5)ア

解説

1 (3) ミス注意! 震度は，揺れが弱い方から順に，0，1，2，3，4，5弱，5強，6弱，6強，7の10段階に分かれている。
(4)(5)ふつう，地震の揺れは震源から同心円状に伝わるので，強い揺れを観測した地域が集まっているBが震源だと考えられる。
(6) 参考 地震そのものの規模はマグニチュードで表す。マグニチュードの数値が1大きくなると，エネルギーは約32倍になる。

2 (1) ポイント 地震の揺れではじめに記録される小さな揺れを初期微動，その後に記録される大きな揺れを主要動という。初期微動を伝える速さの速い波がP波，主要動を伝える遅い波がS波である。㋐と㋑では，㋐の方が伝わる速さが速いので，㋐はP波だとわかる。
(2)S波が震源から100kmの地点に届いたのは地震発生から25秒後なので

$$\frac{100〔km〕}{25〔s〕}=4〔km/s〕$$

(4)P波が震源から200kmの地点に届いたのは8時30分25秒で地震発生から25秒後なので，半分の距離の100km地点に届くまでの時間は，
25〔秒〕÷2＝12.5〔秒〕
S波が震源から100km地点に届いたのは8時30分25秒なので，初期微動継続時間は
25〔秒〕－12.5〔秒〕＝12.5〔秒〕

3 (3)震源からの距離が遠くなるほど初期微動継続時間は長くなり，ふつう，震源からの距離と初期微動継続時間は比例する。震源からの距離が40kmのAでの初期微動継続時間は5秒なので，初期微動継続時間が10秒になるのは，

$$40〔km〕\times\frac{10}{5}=80〔km〕$$

(4) ポイント 地震の揺れは，震源に近いほどはやく届くので，震源に最も近いのは，揺れが最もはやく始まったD。次いでB，Cの順になる。
(5)地震計の振れ幅は，地震の揺れの大きさを表しているので，揺れが最も大きいのはDである。

4 (5)緊急地震速報は，震源に近い地震計で観測されたP波のデータなどをもとに，大きな揺れをもたらすS波の到達時刻を予測して出される。そのため，初期微動継続時間が短い震源近くでは，緊急地震速報が出される前にS波が到達してしまうことがある。

3章　地層
4章　大地の変動

p.58～p.59　ココが要点

①風化　②侵食　③運搬　④堆積
㋐運搬　㋑堆積
⑤断層　⑥しゅう曲　⑦鍵層　⑧堆積岩
㋒凝灰岩　㋓チャート
⑨示相化石
㋔あたたかい海　㋕河口
⑩示準化石　⑪地質年代
㋖アンモナイト
⑫プレート
㋗陸　㋘海

p.60～p.61　予想問題

1 (1)①A…風化　B…運搬
②(水の流れが)緩やかな場所
(2)最も小さいもの…㋒　最も大きいもの…㋐
(3)三角州

2 (1)A…れき岩　B…砂岩　C…泥岩
D…石灰岩　E…チャート　F…凝灰岩
(2)堆積岩　(3)二酸化炭素
(4)D（石灰岩）よりE（チャート）の方がかたいこと。
（D（石灰岩）はE（チャート）よりやわらかいこと。）

3 (1)示相化石　(2)イ
(3)A…アンモナイト　B…ビカリア
C…サンヨウチュウ
(4)示準化石

4 (1)2回　(2)F　(3)F　(4)ウ
(5)地質年代　(6)①隆起　②プレート

解説

1 (2) ポイント 流水によって運ばれてきた土砂のうち，粒の大きいれきは河口近くに，粒の小さい泥は河口から離（はな）れた沖合に堆積する。

2 (3) 参考 石灰岩もチャートも生物の死がいなどが固まった岩石であるが，石灰岩はサンゴなどの死がいに含まれる炭酸カルシウムからできたものであり，チャートは二酸化ケイ素の殻をもった生物の死がいからできたものである。塩酸と炭酸カルシウムは反応して二酸化炭素を発生するが，塩酸と二酸化ケイ素は反応しない。

3 ミス注意！ 地層が堆積した当時の環境を示すのが示相化石，堆積した年代を示すのが示準化石である。

4 (1)A，D 2つの火山灰の層が見られることから，少なくとも2回の火山活動が起こったと考えられる。
(2)地層は下から上へと堆積するので，しゅう曲などによる逆転がない場合，下にある層ほど古い。
(3)最も海岸近くで堆積したのは，粒の大きいれきを含んだFの層だと考えられる。

p.62～p.63　予想問題

1 (1)凝灰岩　(2)粒の大きさ　(3)エ
(4)石灰岩　(5)二酸化炭素
(6)角がとれて丸みを帯びている。
(7)流水で運搬される間に，ぶつかり合って角がとれたから。

2 (1)アンモナイト
(2)デスモスチルス…ウ　サンヨウチュウ…ア
(3)エ　(4)湖や河口

3 (1)しゅう曲　(2)断層
(3)①ア　②ア　③イ　(4)鍵層　(5)ウ
(6)エ

4 (1)A　(2)a
(3)C…海溝　D…海嶺
(4)㋑
(5)海のプレートに引きずりこまれた陸のプレートがはね返ることで発生する。
(6)プレートの境界が集まっているから。

解説

1 (2) ポイント れき岩，砂岩，泥岩はどれも岩石のかけらなどが堆積したもので，堆積した粒の大きさによって分けられている。
(4) ミス注意！ うすい塩酸をかけたとき，石灰岩は二酸化炭素が発生するが，チャートは発生しない。

2 (3)示準化石は，その化石が生息していた期間をもとに地層の年代を推定するので，生息していた期間が短いほど，年代を特定しやすい。また，生息範囲が広ければ，広い地域で示準化石として利用できる。

3 (3)断層ができるとき，横から押す力が加わると，②のように，斜面の上へもち上がるように地層がずれる。横に引っ張る力がはたらくと，③のように，斜面の下へ下がるように地層がずれる。
(5)鍵層は，離れた地域の地層が同時代にできたものかを調べるときの目印となるので，広い範囲で見られる地層が適している。
(6)火山灰の地層の他に，示準化石を含む層も鍵層になる。

4 (1)(2) ポイント 日本付近では，陸のプレートの下に海のプレートが沈みこんでいる。
(4) 参考 マグニチュードの大きな地震はプレートの境界付近で多く発生する。このような地震を海溝型地震という。他に，活断層による内陸型地震や，火山活動による地震などがある。

巻末特集 p.64

① (1)外骨格があるか（外とう膜があるか）。
(2)D
(3)体が外骨格で覆われ，節のあるあしが８本あり，陸上にすむから。

解説 (1)体のつくりの観点で分けると，外とう膜で覆われている「A，C」と，外骨格で覆われている「B，D，E」に分けることができる。
(2)(3)図２の動物は，体のつくり，あしの数とつくり，生活場所のすべての観点がDの生物と同じなので，Dと同じグループだと考えられる。

② (1)31.0%　(2)31.7g　(3)11.7g

解説 (1) ポイント 表から，40℃の水100gには63.9gの硝酸カリウムが溶けるので，加えた45gの硝酸カリウムはすべて溶ける。このときの質量パーセント濃度〔%〕は，

$$\frac{溶質の質量〔g〕}{水の質量〔g〕+溶質の質量〔g〕}\times 100$$

で求められるので，

$$\frac{45〔g〕}{100〔g〕+45〔g〕}\times 100 = 31.03\cdots$$

より，31.0%
(2)0℃の水100gに溶ける硝酸カリウムは13.3gなので，
45〔g〕－13.3〔g〕＝31.7〔g〕
(3)0℃の水溶液の質量パーセント濃度は

$$\frac{13.3〔g〕}{100〔g〕+13.3〔g〕}\times 100 = 11.73\cdots$$

より，11.7%である。0℃の水溶液100gに溶けている硝酸カリウムは，

$$100〔g〕\times\frac{11.7}{100} = 11.7〔g〕$$

③ (1)(2)

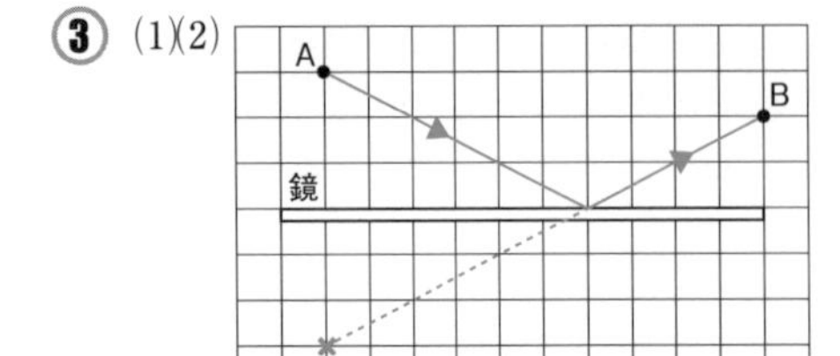

解説 (1) ミス注意！ 鏡に映る像は，鏡をはさんで物体があるAと対称の位置に見える。
(2)観察者は，鏡に映る物体から光が真っすぐに進んできたように感じるが，実際の光はAから出て鏡に反射してBに届く。

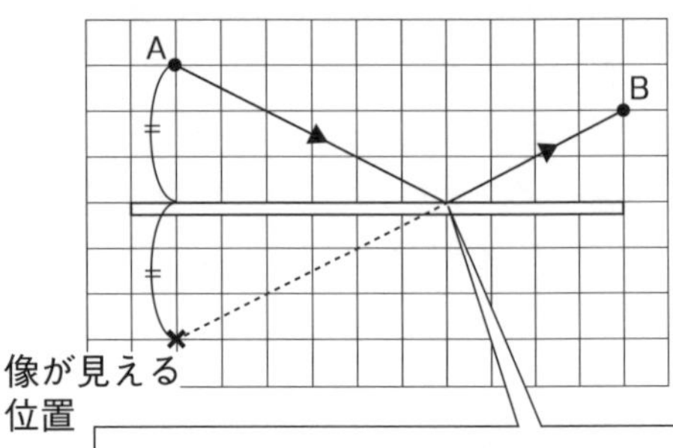

6 5 4 3
D C B A